国家自然科学基金青年项目“企业参与绿色治理的锚定效应及其绩效研究”
（项目编号：71904140）研究成果

RESEARCH ON THE INFLUENCING FACTORS AND VALUE CREATION EFFECT OF CORPORATE GREEN GOVERNANCE

企业参与绿色治理的影响因素与价值效应研究

卢建词　著

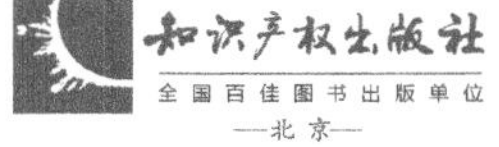

图书在版编目（CIP）数据

企业参与绿色治理的影响因素与价值效应研究/卢建词著．—北京：知识产权出版社，2023.5

ISBN 978－7－5130－8557－1

Ⅰ.①企…　Ⅱ.①卢…　Ⅲ.①企业环境管理—研究—中国　Ⅳ.①X322.2

中国国家版本馆CIP数据核字（2023）第002212号

责任编辑：杨　易　　**责任校对**：王　岩
封面设计：乾达文化　　**责任印制**：孙婷婷

企业参与绿色治理的影响因素与价值效应研究

卢建词　著

出版发行：知识产权出版社有限责任公司	**网　　址**：http：//www.ipph.cn
社　　址：北京市海淀区气象路50号院	**邮　　编**：100081
责编电话：010－82000860转8789	**责编邮箱**：35589131@qq.com
发行电话：010－82000860转8101/8102	**发行传真**：010－82000893/82005070/82000270
印　　刷：北京中献拓方科技发展有限公司	**经　　销**：新华书店、各大网上书店及相关专业书店
开　　本：720mm×1000mm　1/16	**印　　张**：13.5
版　　次：2023年5月第1版	**印　　次**：2023年5月第1次印刷
字　　数：214千字	**定　　价**：79.00元

ISBN 978－7－5130－8557－1

前　言

随着我国进入工业化、城市化高速发展的阶段，生态环境问题更加凸显，严重阻碍人与自然的包容性发展。近年来，频繁曝光的恶性环境污染事件不仅造成了公私财产的重大损失和人员伤亡，也使自然生态遭到了不可逆转的破坏。在改革发展的新时期，人们的意愿和政府政策战略对环境问题的重视，以及企业无限制排放污染物的行为引起人们对"人与自然"关系前所未有的反思，激起了社会关于企业承担绿色责任的讨论。随着企业社会责任的基础理论从资源依赖上升到利益相关者理论，人们开始越发关注受企业经营影响的其他相关者的利益。生态环境作为公共池塘资源，具有较强的外部性，涉及几乎所有社会和经济活动的参与者，并且生态环境容量和资源承载力是有限的，无法永久满足人类因欲望而形成的生产力，这就需要适应自然的拟人化诉求，从平等地对待人类与自然来实现包容性发展的角度考虑企业的生存及长远发展问题。因此，新时代经济社会绿色治理理念要求企业履行绿色责任——兼容经济责任和社会责任的最新表现。绿色责任将全面协调可持续发展放在重要的位置上，是包括自然在内的利益相关者希望企业积极履行的，是"中国企业公民"的重要标志。

生产经营活动对环境的影响是当今时代最紧迫的问题之一。企业正面临着越来越大的制度压力，要求其对环境负责，这种压力以不同的方式表现出来。如政府强制性制度压力以及激励性环境规制促使企业生产经营更具有"绿色化"，大多数国家现在发布了关于环境可持续发展的道德行为准则，并在全球层面上已经制定了环境管理的国际认证标准，公司的环境信息披露也受到国家当局越来越多的审查。近年来，要求我国环保部门法治生威的呼声日渐高涨，强化执法力度、依法治理环境问题的诉求给各级环保部门也带来了前所未有的压力。同时，我国环保法律和标准也在不断提高。2015 年 1 月 1 日，新的《中华人民共和国环境保护法》开始实施，环保部密集发布了关

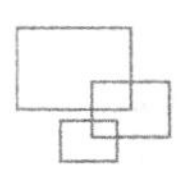

于企业信息公开和突发环境事件调查等管理办法，环境执法力度也在不断趋严。所有这些举措旨在改善企业在环境可持续性方面的道德行为，其成功与否很大程度上取决于企业如何将面临的制度压力内部化。

自1994年中国将可持续发展上升为国家战略并全面推进实施以来，在发展循环经济、节约资源、改善环境等方面做出了很大努力，并取得了一些成绩。在过去几年中，越来越多的企业参与了某种形式的可持续性活动。虽然这些形式存在很大差异，但往往会经历从简单、易于实施的阶段，转向更复杂、更具潜在回报形式的发展阶段。原因在于，前者仅仅将可持续性定位为与企业商业模式相关的“附加”活动，如表现为遵从合规性的末端治理活动，往往缺乏协调性和战略性。最终，许多企业会通过参与绿色治理这一更具战略性的可持续发展活动来重塑企业形象。

首先，对于企业参与绿色治理实践来说，它意味着企业不仅需要抽取部分资源用于环境治理、绿色管理等绿色行为，并且将剩余资源用于自身来获得经济效益与环境效益的可持续发展，使得这一活动不仅具有外部性，而且产生的效益面临较高的不确定性与长期性，较难与当期业绩有效匹配，这容易使得决策者在不确定情境下，限于自身能力而对决策问题缺乏明确的预期和把握，形成认知偏差，出现非理性人的特征。此时，个体比较容易根据自己的经验来判断对某事物的态度，而这一经验可能源于其从事过或接触过参与绿色治理方面的工作经验，使其可能会从某一倾向值（锚定值）出发，调整决策倾向，产生认知的锚定效应。其次，企业高管因接受过“绿色”相关教育（如“环境工程”专业教育）、从事过“绿色”相关工作（如企业环保部部长）等而获得的绿色经历属于后天特质，不仅使高管具有特定的专业知识和能力塑造其自身的决策形式风格，更能够影响其认知和思维模式，从而使高管从理性角度出发来考虑企业的环境战略。高管的绿色经历可能会增加其对环境等可持续问题的注意力，增加企业绿色知识储备，从而对企业的环境战略产生影响。那么，绿色经历嵌入具有不同职能和影响力的高管团队成员，可能也会形成不同的环境战略。鉴于环境问题日益重要且具有战略重要性，董事会作为企业战略的最高决策机构，不仅在监督管理层方面发挥着关键作用，而且在战略制定和资源提供方面也发挥着重要作用。所以，董事会被认为是企业社会责任活动的关键参与者，直接或间接对企业社会责任战略及其后果负责。然而作为企业社会责任的新思路，企业参与绿色治理可以对不同利益相关者的诉求做出恰当的响应。最后，CEO 作为企业领导者和资源整合者，占据着影响和塑造企业行为和结果的强有力地位，其发挥的作用和实际拥有的巨大影响力要远高于其他高管团队成员，并且 CEO 注意力在组织中起着重要作用，是创新的关键驱动力。

基于此，本书主要基于高阶理论和锚定效应的理论模型框架，从高管的非理性与理性特征角度考察企业参与绿色治理的影响因素及其价值创造效应，以中国沪深 A 股上市公司为考察样本：首先，实证检验企业参与绿色治理过程中的锚定效应，以及在不同现金能力、所有制性质和行业特征的情境下企业参与绿色治理的锚定效应的差异，并且探讨了企业参与绿色治理的锚定效应与可持续绩效之间的关系；其次，重点研究董事绿色经历对企业参与绿色治理的影响作用，并且从企业所在地的政府规制压力、行业特征以及机构投资者监督程度等情境来考察董事绿色经历和企业参与绿色治理之间的边界效应，并进一步考察了不同类型董事的绿色经历以及董事的不同类型的绿色经历与企业参与绿色治理的关系；再次，从 CEO 绿色经历这一内部驱动因素来探究其对企业绿色创新的影响，在是否属于国有企业、重污染性企业、不同市场化程度的情境下，CEO 绿色经历与企业绿色创新的关系是否存在差异性以及 CEO 绿色经历通过影响企业绿色创新带来的经济后果；最后，鉴于绿色治理成为企业绿色转型升级的必然选择，通过探讨中国企业以何种动力机制参与绿色治理，考察企业参与绿色治理的价值创造效应，从而推动经济高质量发展。

本书主要包括四个部分：第一部分为第 1 章绪论，在描述了本书的选题背景和研究意义之后，交代了本书的大体思路和框架，以及所使用的研究方法和主要创新点。第二部分为基础理论部分，包括第 2 章和第 3 章，在对绿色理念、绿色治理等相关概念进行描述的基础上，从政府规制压力、媒体关注、股东压力等外部治理，董事会构成、高管自身特征等内部治理层面分别描述了企业环境治理、绿色管理等的影响因素，并且描述了企业参与绿色治理产生的财务绩效（包括市场价值）、环境绩效、可持续绩效等经济后果。同时阐述了相关制度背景和绿色治理规则，并在分析了我国实施绿色治理面临的机遇与挑战之后，重点描述了自主治理理论、锚定效应的理论模型、高阶理论等相关基础理论。第三部分为理论分析和实证研究部分，包括第4章到第7章，首先，不仅描述了企业参与绿色治理中的内在锚效应、外在锚效应及双锚效应产生的理论假设，而且基于中国上市公司样本来进一步构造三组样本，对企业参与绿色治理过程中的内在锚效应、外在锚效应、双锚效应的存在性与有效性进行实证检验；其次，不仅描述了董事绿色经历如何促进企业参与绿色治理、CEO绿色经历如何促进企业绿色创新的研究假设，而且对企业参与绿色治理的价值创造效应提出理论假设，还通过中国上市公司样本来验证本书提出的研究假设。第四部分为文章讨论部分，即第8章，主要总结了研究结论，提出了研究启示和政策建议，探讨了研究过程中的局限性和未来研究方向。

本书属于由国家自然科学基金青年项目“企业参与绿色治理的锚定效应及其绩效研究”（71904140）资助完成的研究成果，同时也得到了天津市哲学社会科学规划一般项目“绿色并购视角下绿色信贷的资源配置效应研究”（TJGL21－001）的资助。感谢天津财经大学姜广省博士对本书理论框架、内容梳理、校对等方面的帮助，感谢南开大学讲席教授、中国公司治理研究院院长李维安教授、天津财经大学商学院院长彭正银教授给本研究提出了很多有益的建议，以及硕士研究生孙原野、秦洁、李澳琳、李欣然在文献整理和数据收集方面提供的帮助。

本书适用于环境科学、绿色治理、企业管理、公司治理等领域的研究人员和实践人士参考和学习。当然，由于作者能力有限，书中难免还存在一些错误与遗漏，未尽之处恳请读者见谅。

卢建词

2023年1月

目　录

Chapter1

第1章

绪　论

1.1　研究背景

1962 年，卡森（Carson）在《寂静的春天》（*Silent Spring*）里开拓性地揭示了各类农药对大自然的破坏和对人类健康的威胁，使得人类开始关注自然环境的重要性。然而，生态环境是一个公共池塘资源，具有较强的外部性，涉及几乎所有社会和经济活动的参与者，并且在传统的“末端治理”方式已不能满足生态经济要求的背景下，人们开始重新思考和认识人类在自然界中的地位以及发展和环境之间的关系。当今世界人类与自然关系紧张的主要原因在于，单一主体管理体制与急剧变化的生态结构、高度复杂的多元利益格局以及对自然的拟人化诉求不相适应。具体表现为：

（1）传统金字塔型的权力结构和自上而下的单向治理模式已不能适应绿色转型的需求。传统的政府绿色管理中，政府扮演着绝对统治者角色，把环境保护的观念贯穿于政府的自身运作和公共事务管理中，在一定程度上促使各级政府管理创新，可以一般地将其概括为“引导—消减—评估—再发展”的垂直型管理模式。首先，政府在全社会倡导绿色理念和通过采用各种手段进行控制和激励，逐步消减污染、浪费现象；其次，通过制定各种标准评定行为主体是否达到要求；最后，改善由工业经济带来的环境破坏，实现人与自然的和谐发展。但是，生态环境的“公共池塘资源”属性和强外部性特征使其涉及几乎所有社会和经济活动的参与者。从共享经济到共享生态，每个人、家庭、企业、社会组织都成为生态环境的责任承

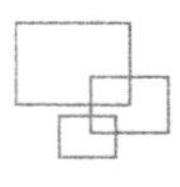

担者和成果共享者，成为“天人合一”的治理主体，而不再是管理链条的末端。传统的绿色管理模式已不能满足共享生态经济时代绿色治理的需求。

（2）共享经济、共享生态的发展带来的经济格局对绿色管理模式提出严峻挑战。“绿色+”的产生和发展已深刻改变政府的管理方式、社会组织的参与方式、企业的生产和管理方式以及公众的生活方式。例如，对于企业来说，绿色生产从源头上遏制污染和减少浪费，绿色营销更考虑到环保成本；对于政府来说，绿色行政突破了环境治理对结果的关注，强调了政府的成本、消费和效率，而绿色政治提出了“生物圈平等主义”；对于公众来说，则是绿色消费中的勤俭节约和减少浪费行为。如果政府、企业、社会组织和公众都将重心放在各自的主要职责，而忽略了次要职责，或者各主体的资金使用、利益分配、地位关系、能力水平和信任程度等方面难以达成共识，且随着治理主体数量的增多，导致各主体之间的沟通和协同难度增加，面对日益复杂多样的协同问题，政府无力全部承揽，处于目前状态的非政府主体也难以应付，以单一主体自发为特征的绿色管理模式已不能满足当前绿色发展需求。

要化解这些矛盾、应对上述挑战，必须将“环境治理”“绿色管理”等提升为“绿色治理”，深入推进绿色治理改革。由此，生态环境问题的研究重心由环境治理转向绿色治理问题。李维安等（2017b）指出绿色治理是以建设生态文明、实现绿色可持续发展为目标，由治理主体参与、治理手段实施和治理机制协同的“公共事务性活动”，并详细论述了有效践行绿色治理不仅要识别企业、政府、社会组织和社会公众等多元治理主体，更要构建协同治理和网络治理等治理机制。其作为当前突破环境治理、绿色管理等范畴的重要前沿问题，不仅应将自然作为治理活动的参与人加以分析，更应该强调从生态环境的可承载性来分析“多元化主体”的协同治理机制，补充了统领协调各主体绿色发展行为的顶层设计。

由于企业是主要产品的生产者、原材料的消费者和就业岗位的提供者，主宰着污染密集型产业，拥有较大规模和实力的企业组织更有能力去破坏或者改善环境，因此，作为自然资源消耗和污染物排放主体，企业成为绿色治理的关键行动者。一方面，通过实施绿色治理的“最佳实践”活动，企业不仅能够有效提高资源的利用效率获取更高的成本优势，或者企

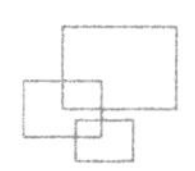

业通过绿色产品取得差异化的优势获得较高的市场收益（Hart，1995），还可以增强企业的可持续发展能力与提高企业的经济效益（黎文靖等，2015），进而实现环境与经济的同步发展；另一方面，频繁曝光的恶性环境污染事件不仅造成了公私财产的重大损失和人员伤亡，也使自然生态遭到了不可逆转的破坏。随着人们意愿和政府政策战略对环境问题的重视，以及企业无限制排放污染物的行为，激起了人们对于企业承担社会责任的呼吁越来越高，李维安等（2017a）指出绿色治理可成为企业社会责任的新思路，企业参与绿色治理可以满足对不同利益相关者的诉求和响应（Bansal et al.，2000），缓解来自政府（肖华等，2008）、竞争对手（Bansal，2005）等利益相关者的压力。所以，在绿色转型背景下，着力研究企业参与绿色治理问题尤为重要。

现有研究主要从环境规制（唐国平等，2013）、媒体关注（沈洪涛等，2012）、企业经营能力和技术水平（Darnall et al.，2006）、董事会治理结构（Kassinis et al.，2002；De Villiers et al.，2011；Walls et al.，2012）、高管个人特征（胡珺等，2017；张琦等，2019）等视角探讨其对环境治理和绿色管理的驱动作用。尽管这些研究已取得较为显著的进展，但是这些活动局限于单一主体自发的环境治理、绿色管理等层面，还未上升到绿色治理层面，因为绿色治理遵循“多方协同”的原则，企业在参与绿色治理过程中不仅要保证政府、社会组织和公众等治理主体的利益，还应对社会、经济和环境的影响承担与自身能力相匹配的社会责任，并且还应接受政府等其他治理主体的监督，并对相关问题进行回应，企业参与绿色治理更有助于推动绿色治理目标的实现（李维安等，2017b）。另外，现有研究并未涉及在参与绿色治理时锚定效应的驱动影响。企业制定的很多战略决策经常会面临各种形式的不确定性，他们可能无法估计各种状态发生的概率，也可能缺乏行动与结果之间的确切因果信息，或者根本就无法估计出所有可能的状态和结果（Milliken，1987）。决策环境的不确定性让高管很难准确预测某一特定行为或方案的结果，这就可能促使个体在不确定性情境下的判断和决策过程中，会以最先呈现的信息（数据或其他参数）为参照来调整对事件的估计，致使最后的估计结果趋向于开始的锚定值，这就是著名的锚定效应（Tversky et al.，1974）。研究学者已经从审计决策（杨

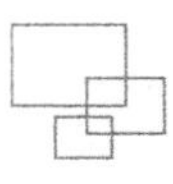

明增，2009）、投资决策（George et al.，2007）、股改对价决策（许年行等，2007）、并购溢价决策（Malhotra et al.，2015；陈仕华等，2016）、捐赠决策（祝继高等，2017）等视角验证锚定效应的存在。

首先，对于企业参与绿色治理来说，它意味着企业不仅需要抽取部分资源用于环境治理、绿色管理等绿色行为，并且将剩余资源用于自身来获得经济效益与环境效益的可持续发展，使得这一活动不仅具有外部性，而且产生的效益面临较高的不确定性与长期性，较难与当期业绩有效匹配（Sinn，2008），这容易使得决策者在不确定情境下，限于自身能力而对决策问题缺乏明确的预期和把握，形成认知偏差（Simon，1956；Tversky et al.，1974），出现非理性人的特征（Kahneman，2003）。此时，个体比较容易根据自己的经验来判断对某事物的态度（Albarracin et al.，2000），而这一经验可能源于其从事过或接触过参与绿色治理方面的工作经验，使其可能会从某一倾向值（锚定值）出发，调整决策倾向，可能会产生认知的锚定效应，例如长期接受“保护环境”等价值观念的熏陶或者已从事过环保行动的人们，可能会以“环保”作为未来决策的锚定值（Cacioppe et al.，2008；Cornelissen et al.，2008），那么对于企业高管来说，在制定参与绿色治理决策时，是否也会存在锚定效应？根据来源，锚定值可以分为内在锚（个体自身决策产生的锚值）和外在锚（个体外部提供的锚值）（陈仕华等，2016），那么更进一步，该锚定效应是内在锚效应还是外在锚效应？二者的内在影响机制有什么差异？最后探讨企业参与绿色治理决策为企业和高管自身带来怎样的经济后果。

其次，企业高管因接受过“绿色”相关教育（如“环境工程”专业教育）、从事过“绿色”相关工作（如企业环保部部长）等而获得的绿色经历属于后天特质，不仅使高管具有特定的专业知识和能力塑造其自身的决策形式风格（Cho et al.，2017），更能够影响其认知和思维模式（Hambrick et al.，1984），从而使高管从理性角度出发来考虑企业的环境战略。高管的绿色经历可能会增加其对环境等可持续问题的注意力，增加企业绿色知识储备，从而对企业的环境战略产生影响。那么，绿色经历嵌入具有不同职能和影响力的高管团队成员，是否会形成不同的环境战略？鉴于环境问题日益具有战略重要性，董事会作为企业战略的最高决策机构，不仅在监督管理层方面发挥着关键作用，而且在战略制定和资源提供方面也发挥着重要作用（De Villiers et al.，2011）。所以，董事会被认为是企业社会责任活动的关键参与者，直接或间接对企业社会责任战略及其后果负责（Kassinis et al.，2002）。然而作为企业社会责任的新思路，企业参与绿色治理可以对不同利益相关者的诉求做出恰当的响应（Bansal et al.，2000），那么，具有绿色经历的董事可能会促使企业参与绿色治理。

再次，自1996年中国将可持续发展上升为国家战略并全面推进实施以来，在发展循环经济、节约资源、改善环境等方面做出了很大努力，并取得了一些成绩。在过去几年中，越来越多的企业参与了某种形式的可持续性活动。虽然这些形式存在很大差异，但往往会经历从简单、易于实施的阶段，转向更复杂、更具潜在回报形式的发展阶段。原因在于，前者仅仅将可持续性定位为与企业商业模式相关的“附加”活动，如表现为遵从合规性的末端治理活动，往往缺乏协调性和战略性。最终，许多企业会实施旨在提高效率的绿色创新——这一更具战略性的可持续发展活动来重塑企业形象。与传统的创新相比，绿色创新属于一种考虑到节约资源和能源以及减少环境污染的创新，实施绿色创新的企业一般被看作政府、投资者和媒体倡导的新兴和有前景的企业。遗憾的是，已有关于绿色创新驱动因素的研究主要集中在环境规制、政府政策等制度层面和冗余资源、质量管理等企业层面，但是忽视了企业决策主体——首席执行官（CEO）的影响作用。CEO作为企业领导者和资源整合者，占据着影响和塑造企业行为和结果的强有力地位，其发挥的作用和实际拥有的巨大影响力要远高于其他高管团队成员（Jeong et al.，2017），并且CEO注意力在组织中起着重要作用，是创新的关键驱动力，能够加速企业进入新技术市场（Eggers et al.，2009）。那么，具有绿色经历的CEO可能驱动企业采取绿色创新来传达其强烈环境立场的积极信号。围绕上述问题展开研究是当前理论和现实所要解决的重要而紧迫的问题，对于深入理解高管内部驱动企业制定参与绿色治理决策、推动绿色发展理念与实践的衔接、提高企业绿色发展能力具有重要的理论和现实意义。

最后，传统的公司理论框架下，社会公众对企业的固有认知是“资本逐利”，企业履行社会责任也是利己行为，体现了当前企业社会责任“股东至上”的导向（Bremner，1987），即企业履行社会责任依然是功利性的，是以提高企业经济价值为目标而采取的有利于利益相关者的行为。近年来，无论是安然和世界通信公司的财务造假，还是最近的大众汽车“排放门”、长春生物问题疫苗事件等社会负面事件频频涌现，使得这类企业长期以来一直因不负责任的行为而受到批评，并因此受到严厉的处罚。来自政府、消费者、员工等各界的压力也进一步促使企业反思承担社会责任对自身发展的重要性。企业参与绿色治理成为企业社会责任的新思路，也是企业转型升级的必然选择。企业实现长期盈利的目标可能是驱动企业参与绿色治理的重要考量。因此，探讨中国企业通过何种动力机制参与绿色治理，成为关乎如何推动经济高质量发展的重要课题。

1.2 研究意义

1.2.1 理论意义

（1）从高管的非理性与理性特征出发考察微观视角下企业参与绿色治理的影响因素及价值创造效应，丰富了企业参与绿色治理的相关理论。绿色治理是一项“公共事务性活动”，这决定了绿色治理属于宏观治理行为，而本书从宏观治理的“多元主体”协同治理行为细致到微观治理的企业参与行为，由环境治理和绿色管理上升到企业参与绿色治理层面，结合企业的环境战略与公司治理行为，并应用锚定效应的理论模型、高阶理论等对企业参与绿色治理进行理论阐述和解释，进一步探讨不同锚定等情境下企业参与绿色治理对企业可持续绩效的影响差异，丰富了企业参与绿色治理的相关理论。

（2）探索企业参与绿色治理过程中的锚定效应，扩充了行为决策的研究。现有研究主要从审计、投资、股改对价、并购溢价、捐赠等方面探讨决策中存在的锚定效应，本书立足于企业参与绿色治理决策，基于上市公司数据，构建了可以使用外在锚效应和内在锚效应检验的研究方案，为研究企业参与绿色治理中的非理性决策的相关问题提供了可供借鉴的分析思路和解决方法。

（3）探索高管的绿色经历在企业参与绿色治理中的作用，丰富了高阶理论。现有研究主要探讨了高管财务经历、贫困经历、复合型职业经历等对企业行为决策的影响。而绿色经历是高管人口统计特征中的一个关键特征，不仅具有较高的道德标准和社会责任感，而且对可持续问题具有较高的关注度，从而增加企业绿色知识储备，可能对企业参与绿色治理产生作用，为深入理解高管内部驱动企业制定参与绿色治理决策，推动绿色发展理念与实践的衔接提供重要参考。

（4）将公司治理的一般核心概念和分析范式拓展到企业参与绿色治理研究领域，有助于构建企业参与绿色治理的分析框架。本书立足于企业参与绿色治理问题的特质和目标，将公司治理的核心概念和分析范式拓展到企业参与绿色治理研究领域，在高阶理论和自主治理理论等相关理论的基础上，构建企业参与绿色治理的理论框架，为研究企业参与绿色治理的影响因素及价值创造效应提供理论基础。

1.2.2　实践意义

（1）有利于指导企业的规范运作，促进企业在绿色治理中发挥关键行动者作用。鉴于生态环境的公共池塘资源属性和强外部性，以及不同企业自身经营管理和治理存在的问题导致无法将其内部化，企业尚缺乏参与绿色治理的动力和能力。然而随着企业生产经营活动对环境的影响成为当今时代最紧迫的问题之一，企业面临着来自不同利益相关者越来越大的环境压力。处于共享经济下的绿色转型，企业需要实施旨在改善企业可持续性活动的战略举措，其成功可能取决于企业如何将面临的制度压力内部化。因此，企业作为自然资源消耗和污染物排放主体，是绿色治理的重要主体和关键行动者，也发挥着重要的协同作用。本书为企业实施具有战略性的可持续活动提供重要参考，为指导企业制定实施绿色发展战略提供理论依据。

（2）有利于识别锚定效应和绿色经历在企业参与绿色治理中的作用，为政府制定相关绿色治理政策提供有益参考。在绿色治理主体中，政府发挥绿色治理的顶层设计者和政策制定者的角色，需要在政治、经济、社会活动中设计制定与我国环境承载现状相匹配的绿色治理相关法律法规。本书将锚定效应和高管的绿色经历纳入企业参与绿色治理决策模型中，不仅突显内在锚和外在锚的作用，而且显示出经理人市场上的“绿色”价值，这有助于为政府制定相关绿色治理政策提供针对性的启示。

1.3 研究内容、技术路线图以及研究框架

1.3.1 研究内容

本书主要基于高阶理论和锚定效应的理论模型，从高管的非理性与理性特征角度考察企业参与绿色治理的影响因素与经济后果，为此本书按照以下路径探讨这一问题，具体章节安排如下：

第 1 章为绪论，主要是对本书内容进行简要概述。首先描述了本书的研究背景和研究意义，然后介绍了本书的研究内容、技术路线图和研究框架，最后归纳了研究方法和主要创新点。

第 2 章为概念界定与文献综述，首先是对绿色理念、绿色治理、企业参与绿色治理、高管绿色经历进行概念说明，接着不仅综述了制度层面、组织层面和高管层面企业参与绿色治理的影响因素，而且综述了企业参与绿色治理带来的经济后果，最后是对相关文献的述评。

第 3 章为本书的制度背景、基础理论。制度背景概括介绍了国际绿色治理重要规则与标准、中国有关环境保护法案等政策的制度背景，特别是国家环境战略政策的制度变迁，如中国政府在改善企业环境信息披露、企业绿色创新等方面的政策和行动。基础理论主要包括自主治理理论、卡罗尔企业社会责任模型、委托代理理论、资源依赖理论、利益相关者理论、锚定效应的理论模型、高阶理论、注意力基础观、制度理论以及组织学习理论等。

第 4 章到第 7 章为本书的核心部分。从非理性因素入手实证检验企业参与绿色治理的锚定效应及其绩效研究，从理性因素入手分别检验董事绿色经历对企业参与绿色治理的影响、CEO 绿色经历对企业绿色创新的影响及其经济后果，从企业参与绿色治理的动力机制入手，考察企业参与绿色治理的价值创造效应。

第 8 章为本书的研究结论与讨论部分，主要包括研究结论、启示、政策建议、局限性和未来研究方向。

1.3.2 技术路线图

本书研究路线主要包括三个方面：其一，基础理论研究，包括第 2 章

和第 3 章，这一部分主要是从绿色理念、绿色治理观等概念入手，使用相应理论分析企业参与绿色治理的影响因素、经济后果，以及结合制度背景和相关理论阐述，为后续研究奠定理论基础；其二，在基础理论研究分析的基础上，本书构建理论分析框架，并从企业参与绿色治理锚定效应（第 4 章）、董事绿色经历和企业参与绿色治理（第 5 章）、CEO 绿色经历和企业绿色创新（第 6 章）、企业参与绿色治理的价值创造效应（第 7 章）四个层面检验企业参与绿色治理的影响因素以及价值创造效应，这部分主要是基于中国上市公司数据对上述理论进行实证检验；其三，包括第 8 章，依据本章的理论分析和实证研究结论，并结合我国企业参与绿色治理发展现状，提出相应的政策建议。具体的研究技术路线图如图 1-1 所示。

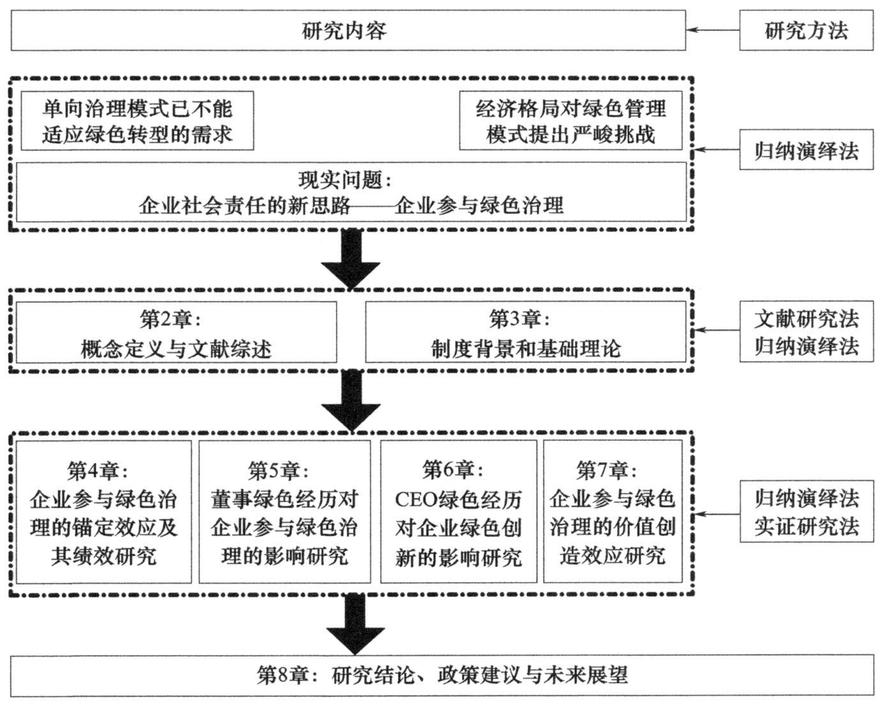

图 1-1　技术路线图

1.3.3　研究框架

本书研究框架图如图 1-2 所示。

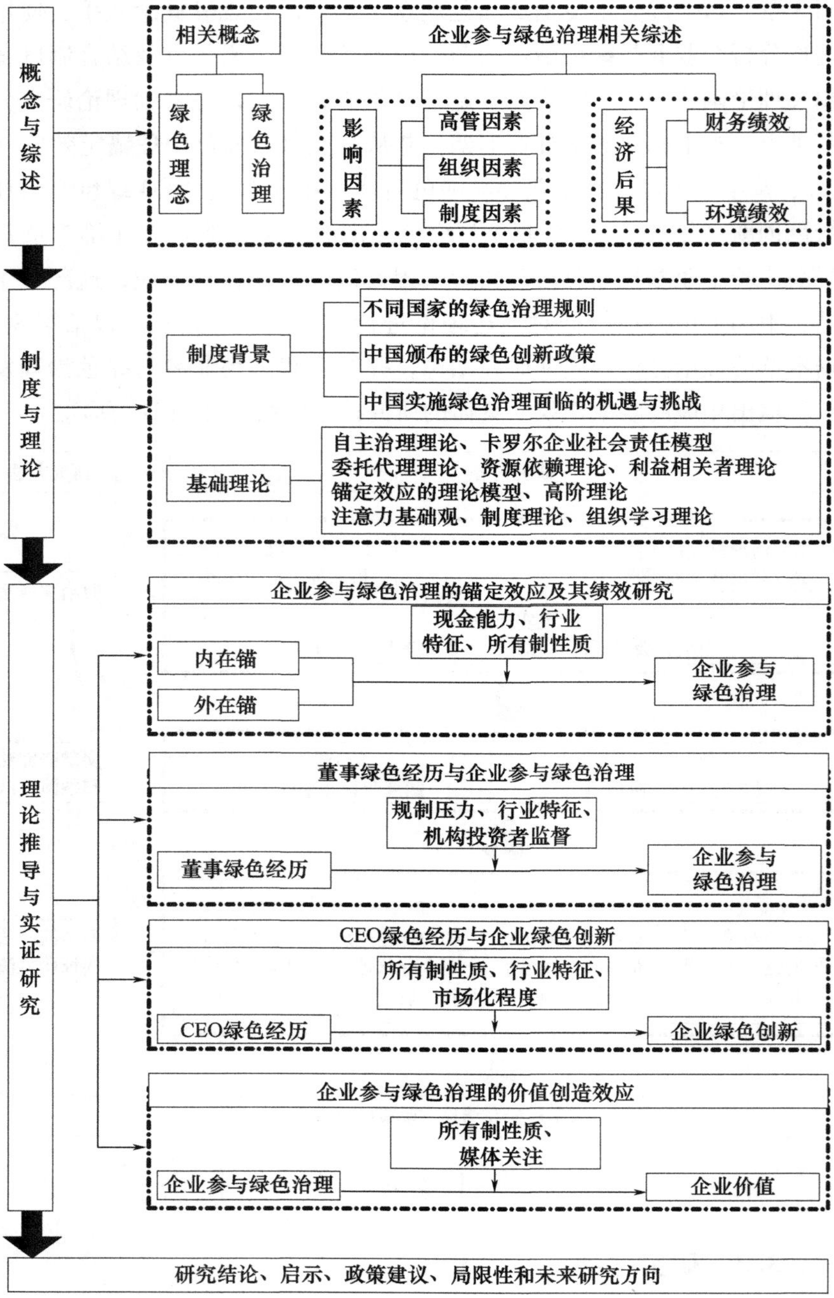

概念与综述

相关概念

绿色理念

绿色治理

企业参与绿色治理相关综述

影响因素：高管因素、组织因素、制度因素

经济后果：财务绩效、环境绩效

制度与理论

制度背景

不同国家的绿色治理规则

中国颁布的绿色创新政策

中国实施绿色治理面临的机遇与挑战

基础理论

自主治理理论、卡罗尔企业社会责任模型
委托代理理论、资源依赖理论、利益相关者理论
锚定效应的理论模型、高阶理论
注意力基础观、制度理论、组织学习理论

理论推导与实证研究

企业参与绿色治理的锚定效应及其绩效研究

内在锚

外在锚

现金能力、行业特征、所有制性质

企业参与绿色治理

董事绿色经历与企业参与绿色治理

董事绿色经历

规制压力、行业特征、机构投资者监督

企业参与绿色治理

CEO绿色经历与企业绿色创新

CEO绿色经历

所有制性质、行业特征、市场化程度

企业绿色创新

企业参与绿色治理的价值创造效应

企业参与绿色治理

所有制性质、媒体关注

企业价值

研究结论、启示、政策建议、局限性和未来研究方向

图 1-2　研究框架图

1.4 研究方法与主要创新点

1.4.1 研究方法

本书研究的主题是探究非理性视角下企业参与绿色治理的锚定效应及其绩效的影响作用、理性视角下高管的绿色经历对企业参与绿色治理的影响后果问题，包括企业参与绿色治理决策路径的内在逻辑、影响因素和价值创造效应等，所以使用的研究方法应致力于解决这一主题，同时在对相关文献梳理和总结的基础上，根据不同的研究内容，选择不同的研究方法。这些方法主要包括文献研究法、归纳演绎法、实证研究法等关键技术手段，较为全面地实现研究目标，完成本书的研究内容。具体如下：

（1）文献研究法。在大量阅读国内外关于企业环境治理、绿色管理以及绿色创新等方面的相关文献的基础上，梳理出学术界目前在以上各领域的研究脉络，借此为分析企业参与绿色治理的影响因素以及经济后果奠定理论基础。

（2）归纳演绎法。归纳演绎法是使用哲学的分析方法，基于一般的抽象概念以及相关原理，借助逻辑分析方法得出结论。本书从高阶理论、锚定效应等出发，采用逻辑推演的方法，分析在中国独特的制度背景下，从锚定效应和高管绿色经历方面来考察企业参与绿色治理的影响因素及经济后果。

（3）实证研究法。本书基于相关文献和理论研究，提出研究假设，并构建相关计量模型，进行实证检验。对于本书所提出的问题，通过回顾相关文献，依据相关理论形成理论假设，便于进行实证检验。通过手工收集中国企业社会责任报告中的参与绿色治理的相关数据，以及从国泰安数据库（CSMAR）、万得金融终端数据库（WIND）、中国研究数据服务平台（CNRDS）等获取上市公司相关数据，对本书研究假设进行实证检验，给出相应的检验结果，并对检验结果进行评价，对所提出的问题进行解答。

1.4.2 主要创新点

本书的突出特色在于从锚定效应、高管绿色经历等视角探究企业参与绿色治理的影响因素，以及从企业价值视角探究企业参与绿色治理的价值创造效应，不仅有助于拓展企业参与绿色治理理论的应用，而且能够为政府制定相关绿色治理政策和企业践行绿色治理理念方面提供政策建议。与现有研究相比，本书的创新之处包括以下几个方面。

（1）从锚定效应的非理性和高管绿色经历的理性视角丰富了企业参与绿色治理影响因素的文献。现有文献重点关注单一主体自发的环境治理行为中的宏观层面（环境规制、媒体关注等）、微观企业层面（企业经营能力、董事会结构等）和高管特征（家乡认同等）因素，还有文献关注于绿色投资者等外部公司治理因素，鲜有文献关注到“多方协同”的绿色治理行为中的锚定效应这一非理性因素。本书从决策制定和执行的高管层面研究其对企业参与绿色治理的影响，深入剖析中国企业参与绿色治理的动机、决策过程以及产生的效应，并且从锚定效应和高管绿色经历视角探究企业制定绿色治理参与决策的研究，有助于进一步打开企业参与绿色治理行为的“黑箱”。

（2）丰富了锚定效应的应用领域。以往研究主要从审计判断、投资、股改、众筹、信用评价、并购溢价、捐赠等分析锚定效应，但尚未有文献考虑到企业参与绿色治理的锚定效应影响。锚定效应是人们在不确定性情境下进行判断和决策时，会受之前信息的影响来调整对事件的估计，致使最后的估计结果偏向于初始锚定值的趋势。鲜有研究关注到企业参与绿色治理也符合产生“显著”的锚定效应的两个条件：基于新制度理论下的“组织同构”使得企业对相似情境下其他企业（联结企业）的绿色治理行为充分关注和使用绿色治理支出衡量的企业参与绿色治理的锚值与目标值兼容，并基于绿色治理绩效和市场绩效考察不同来源的锚定值情境下企业参与绿色治理与绩效之间的关系，明晰企业的行为效果。

（3）扩展了企业绿色创新影响因素的研究。不同于现有研究探讨命令控制型、市场激励型等外部制度因素（Chen et al.，2018；齐绍洲等，2018；田玲等，2021；王馨等，2021），企业资源、质量管理等微观企业因素（Berrone et al.，2013；Li et al.，2018），以及性别等高管个体因素（Galbreath，2019）对企业绿色创新的驱动作用，本书主要基于 CEO 绿色经历这一内部驱动因素来探究其对绿色创新的影响，为绿色创新的研究提出了一个新的视角。

（4）丰富和补充了高管经历方面的相关研究。现有研究主要关注高管财务经历、贫困经历、飞行员经历等对企业决策的影响，本书主要基于高阶理论，从存在何种关系、潜在的异质性以及产生的经济后果等角度展开系统性研究，尝试性解析董事绿色经历与企业参与绿色治理、CEO绿色经历与绿色创新的内在逻辑，是对现有研究的一个有益补充。

Chapter2

第2章

概念定义与文献综述

2.1 概念定义

2.1.1 绿色理念

“绿色”虽然是一种生态环境特有的颜色，但是在一定程度上代表着“自然”“环保”“希望”等，这在实践和制度上得到了具体体现。1962年，卡森（Carson）在《寂静的春天》里开拓性地揭示了各类农药对大自然的破坏和对人类健康的威胁，使得人类开始关注自然环境的重要性，掀起了全球首次的“绿色”抗议集会。1972年，联合国在斯德哥尔摩首次发布了《人类环境宣言》，提出了既符合生态规律又注重环境健全无害的生态发展理论。1980年，联合国环境规划署等制定《世界自然保护大纲》，初步提出可持续发展的思想，强调“生物圈的管理既能满足当代人的最大需求，又能保持其满足后代人的需求能力”。1987年，世界环境与发展委员会（WCED）发表《东京宣言》，开始呼吁全球各个国家应将可持续发展纳入其发展目标，同时关注经济、社会和环境三个效益。1992年，在里约热内卢召开的联合国环境与发展大会上通过了《里约宣言》和《21世纪议程》，可见全球各国普遍接受了可持续发展的思想，并将其作为行动指南。之后，人类开始以可持续发展为根据，以尊重和维护生态环境为主旨，达到维持人类可持续健康发展的愿景。在“绿色”建设问题上，中共十八大宣示将生态文明建设与经济建设、政治建设、文化建设、社会建设

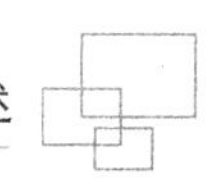

并列，实施“五位一体”地建设中国特色社会主义。而后十八届五中全会首次将“绿色”作为一种发展理念，至此，“绿色”由一种颜色演变成为一种理念、一种指导绿色行动的理念。中共十九大提出的“坚持人与自然和谐共生”“构建人类生命共同体”，进一步强调了绿色理念的重要性。这为绿色行动奠定了坚实的实践和制度基础，而要实现人与自然的包容性发展，参与绿色治理是关键所在（李维安等，2017b）。

2.1.2　绿色治理：推动绿色发展的治理观

生态环境作为公共池塘资源，具有较强的外部性，涉及几乎所有社会和经济活动的参与者，并且在传统的“末端治理”方式已不能满足生态经济要求的背景下，人们开始重新思考和认识人类在自然界中的地位以及发展和环境之间的关系。当今人类与自然关系紧张的主要原因在于，单一主体管理体制与急剧变化的生态结构、高度复杂的多元利益格局以及对自然的拟人化诉求不相适应。要化解这一矛盾，必须将“环境治理”“绿色管理”等提升为“绿色治理”，深入推进绿色治理改革。由此，生态环境问题的研究重心由环境治理问题转向绿色治理问题。李维安等（2017b）系统地提出绿色治理的概念，绿色治理是将自然作为治理行为的参与人加以分析，不仅考虑其激励相容和参与约束等问题，并从时间的动态视角研究效率与公平的可持续性，实现了由人类需求的单边考虑向将环境纳为平等主体的双边兼顾，通过创新模式、方法和技术等，在生态环境承载能力范围内促进社会经济的可持续发展。作为当前突破环境治理、绿色管理等范畴的重要前沿问题，绿色治理不仅将自然作为治理活动的参与方加以分析，更强调从生态环境的可承载性来分析“多元化主体”的协同治理机制，填补了统领协调各主体绿色发展行为的顶层设计，是一种从理论到实践的重大突破，属于生态发展的新理念。这主要反映在以下几个方面。

1. 绿色治理是绿色发展从理论到实践的新突破

（1）绿色治理是适应绿色发展要求的必然选择。频繁曝光的恶性环境污染事件不仅造成了公私财产的重大损失和人员伤亡，也使自然生态遭到了不可逆转的破坏。世界各国相继出台和实施各类碳排放的政策法规。作为后发现代化的发展中大国，习近平总书记在2020年9月向国际社会宣布

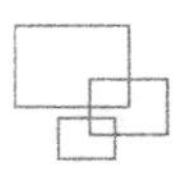

"力争2030年前实现碳达峰、2060年前实现碳中和"，这不仅将过去看重治理结果的环境治理手段上升到政治使命的高度，而且体现了我国破解当代中国可持续发展难题的决心，以及在应对全球环境问题上的大国担当。绿色发展是建立在生态环境容量和资源承载力的约束条件下对传统发展模式的一种创新，而绿色治理全球观是一种以合理均衡人类欲望与环境可承载性之间的博弈为出发点，沿着从效率到公平次序推动绿色发展理念过程为内在逻辑，跨越国别政体、天人合一的共享价值观。因此，践行绿色治理全球观有利于实现"共商、共建、共享"，尊崇自然的生态体系，以缓解全球绿色治理能力的非均衡性，推动全球经济发展的公平性、生态型和可持续性，即实现绿色发展理念的落地生根。

（2）绿色治理是一场深刻的治理变革。生态环境的公共池塘资源属性和强外部性，决定了单一的国家、政府和市场的供给与治理都存在"失灵"，所以治理需要进行由单一主体管理模式向更为多元化主体的治理模式的改革。从这个意义上来讲，绿色治理是一种由治理主体参与、治理手段实施和治理机制协同的"公共事务性活动"。加上生态破坏与环境污染的跨国界性意味着绿色治理具有全球性，因此，绿色治理倡导多元主体协同参与的全球治理。参与绿色治理要求从系统观出发，识别治理系统中各主体的关联性，综合考虑各方的利益和诉求；要求加快推动治理主体的改革，构建以政府作为政策供给者、企业作为关键行动者、社会组织作为绿色鉴别和倡议督导者、社会公众作为广泛参与者的多元协同治理体系。这一变化意味着，政府不再只是治理的主体，同时也是被治理的对象，企业、社会不再只是被治理的对象，同时也是治理的主体；要求加快推动治理对象的改革，不再局限于生态环境问题，也包括与生态环境有关的社会问题和经济问题，从而准确把握可持续发展的内涵；要求建立政府顶层推动、市场利益驱动、社会组织和社会公众参与联动的"三位一体"协同治理机制，从而打破传统的政府自上而下的线性管理模式，形成一种动态开放、公正包容的全球治理体系；要求克服单一主体的管理思维在解决生态系统问题时的局限性，实现由人类需求的单边考虑向将环境纳为平等主体的双边兼顾的治理模式，更强调多元主体通过平等、自愿、协调和合作的关系，共同推动绿色治理目标的实现；要求加快推进绿色治理平台的构

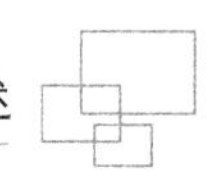

建，通过政府支持、市场定价、社会奖励及国际认可等公私部门的合作，形成互信与共赢的合作氛围，改善全球治理的非均衡性，促进全球经济发展的公平性、生态型和可持续性。

（3）绿色治理是一次创新的生态实践方式。绿色治理是发展范式创新的实践。传统高耗能高污染的发展方式往往以“先污染后治理”为发展理念，更为看重治理的结果而忽略治理过程中的成本分担及生态防治，从而造成了环境的严重污染和资源的过度消耗，也造成了我国经济进一步发展的内在动力不足。绿色治理强调资源可承载性的发展，要求向“边发展、边治理”范式转变，始终不忘治理污染的初心，强调污染预防、生态修复、节约资源能源、控制消费、保护环境等，牢固树立边发展边保护的“两山论”的发展理念，把绿色治理根植于绿色发展的全过程。另外，绿色治理是人与自然关系创新的实践。传统的“天人合一”认为人之存在的片段化和渺小性，使人与天地的关系是从属性的，从而需要顺从自然的依附性实践。随着近代科学的兴起，传统的天人合一论不再具有说服力，人天分离，人是认识活动的主体，自然环境为客体，从而产生了“征服自然”的改造性实践。绿色治理要求重新认识人与自然的关系，跳出以人类为中心的传统思维，站在现代学术的立场，作为实践对象的自然环境不再消极被动，而是能够“主动”地约束人类对资源的利用，自然权利具有了“拟人化”思维，强调由过去人与人之间的缓解贫困、人与社会之间注重公平的包容性增长，到现在平等地对待人类与自然来实现人与自然的包容性发展，合理均衡人类欲望与环境可承载性之间的博弈，在一个地球的宇宙观下，建立新的“天人合一”的绿色治理观。

2. 把绿色治理贯穿于推进新时代生态发展的全过程

生态环境是一种具有非排他性和竞争性的公共池塘资源，涉及几乎所有社会和经济活动的参与者，仅靠独立行动进行的资源占用可能摧毁整个生态系统，在这种情况下，与独立决策相比，群体采用协调策略更优。因此，绿色治理的关键在于构建基于治理权分享的治理结构、机制和模式，构建与绿色生存相应的绿色行为的规则体系。践行绿色治理要以绿色治理准则为依托。李维安等（2018）编写的《绿色治理准则与国际规则比较》（*Green Governance Principle and Comparison of International Governance Rules*）

运用治理思维、识别治理主体，从顶层设计的角度提出绿色治理基本框架，并分别从政府、企业、社会组织及公众等治理主体的角度进行阐述，就绿色治理的主体识别、责任界定、绿色治理行为塑造和协同模式等提供指引，以实现人与自然的包容性发展。它是一种制度规范，虽然不具备强制性，但对处于各个发展阶段的国家、地区或组织均具有指导意义。

一般来讲，绿色治理主体有四个（见图 2-1）：绿色治理强调主体间平

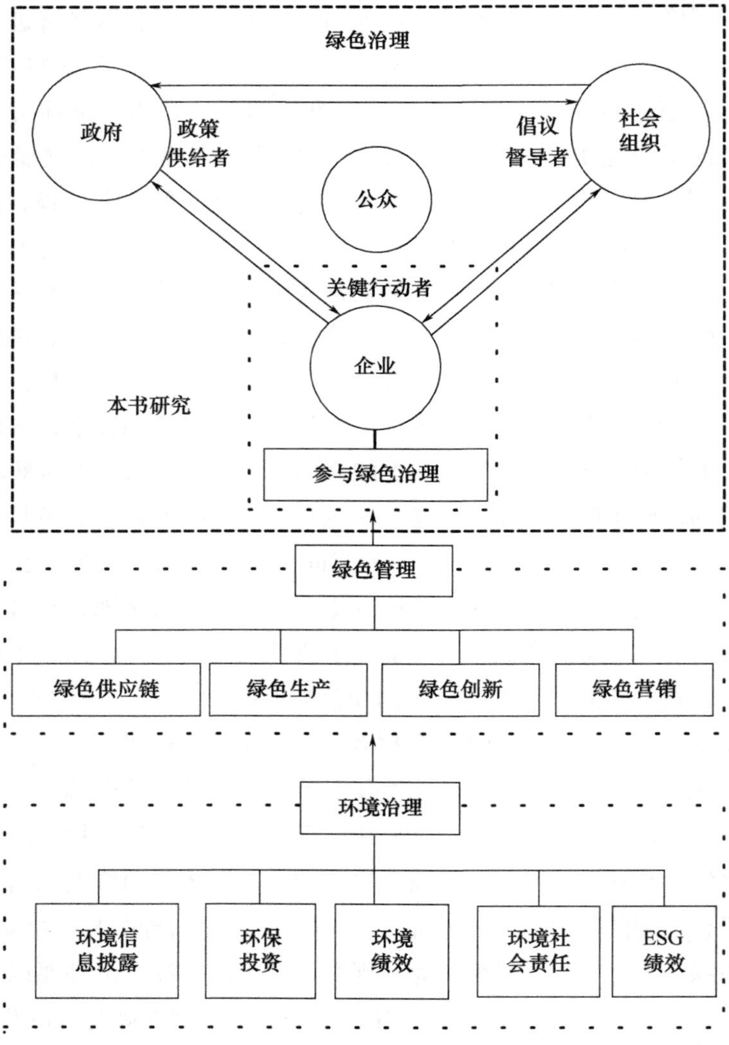

绿色治理
政府
政策
供给者
倡议
督导者
社会
组织
公众
关键行动者
企业
本书研究
参与绿色治理
绿色管理
绿色供应链
绿色生产
绿色创新
绿色营销
现有研究
环境治理
环境信息披露
环保投资
环境绩效
环境社会责任
ESG绩效

图 2-1　绿色治理主体及相关研究框架

等、自愿、协调、合作的关系，政府是绿色治理的顶层设计者和政策供给者，发挥着顶层推动的作用，并且为其他治理主体参与绿色治理提供了制度和平台；作为独立第三方的社会组织，发挥着倡议督导者的角色，通过发挥自身专业优势，实现对其他主体在绿色治理过程中的监督、评价等作用；作为广泛参与者的公众，是最广泛的绿色治理主体，公众参与生态文明建设是基础性的绿色治理机制。绿色生活依然成为当今生活关注的话题，是绿色治理的深度展开。绿色生活是污染控制的源头防治，也是生态防护的举措。公众作为监督者，积极监督其他绿色治理主体的行为，同时公众作为环境保护的宣传者，有助于环境保护的宣传和助力绿色理念的普及。只有大力发展绿色经济，才能有效突破环境资源瓶颈的制约。企业作为自然资源消耗和污染物排放主体，是绿色治理的重要主体和关键行动者，其双重身份在绿色治理中发挥着重要的作用。并且由于绿色治理遵循“多方协同”的原则，企业在参与绿色治理过程中不仅要保证政府、社会组织和公众等治理主体的利益，而且应对社会、经济和环境的影响承担与自身能力相匹配的环保社会责任，还应接受政府等其他治理主体的监督，并对相关问题进行回应。企业应建立绿色治理架构，进行绿色管理，培育绿色文化，在考核与监督、信息披露、风险控制等方面践行绿色治理理念。

目前绿色治理的研究主要集中于两个方面：其一是政策解读层面。研究学者冉连（2017）以 1978—2016 年间中国党代会报告、国务院政府工作报告、国民经济与社会发展的五年计划（规划）等政策文本为样本，使用文本分析方法，对中国改革开放 30 多年的绿色治理政策文本进行检视，认为中国绿色治理政策主要存在价值理性和技术理性的双重匮乏，并且政策的变迁经历了“效率（经济发展）优先—兼顾效率与公平—公平优先”的价值转换和“浅绿化”的环境保护、“深绿化”的环境（生态）治理、“泛绿化”的生态文明建设的内容转变。其二是绿色治理评价指标及体系构建层面。研究学者（杨立华等，2014；李维安等，2019）一般认为践行绿色治理，需要识别企业、政府、社会组织和社会公众等多元治理主体，建立绿色治理协同合作体系，还需要将绿色行政、绿色生产、绿色宣传、绿色参与、绿色消费和绿色智慧等有效结合起来，并且认为绿色治理是一种超越国别的治理观，需要制定绿色治理准则（李维安等，2017b）。荆克迪等（2022）指出绿色治理应从实现人与自然和谐共生现代化、实施“双碳”战略以及坚持全球生态文明建设等维度加强理论关切与实践探索。值得注意的是，李维安等（2019）在构建上市公司绿色治理评价体系的基础上，根据2017年发布社会责任报告的上市公司样本数据，建立绿色治理指数，发现绿色治理不能带来短期利润，却有助于提升长期价值。虽然这些研究从政策解读和体系构建层面探究了绿色治理，但是仍集中于宏观层面，更极少关注于作为绿色治理主体的企业面对政府绿色治理政策时的回应策略。

企业参与绿色治理意味着企业作为治理主体来参与并完成以建设生态文明、实现绿色可持续发展为目标的“公共事务性活动”，它包括一切与“绿色”相关的可持续性活动。虽然以企业作为绿色治理主体的研究，甚至真正突出绿色治理的研究还较少，但相关文献可能涉及企业的“绿色”活动，研究主体主要围绕环境治理、绿色管理、绿色创新等单一方面展开较为丰富的研究，然而这些活动缺乏协调性和战略性，最终将演变为更具战略性的可持续发展方法。另外，对文献的回顾表明企业经常会经历从简单、易于实施的行动开始，向更复杂、更具潜在回报的方法发展的阶段，此阶段呈现出一定的重行为而轻结构机制建设的“倒逼”现状（李维安等，2019）。可见，企业从初始的遵从合规的环境治理、追求效率的绿色管理到绿色创新可以作为企业参与绿色治理的不同战略实施阶段（见图2-1）。

2.2 企业参与绿色治理的影响因素研究

2.2.1 环境治理方面

较少文献直接考察了企业参与绿色治理的影响因素，如姜广省等（2021）从绿色投资理念出发，结合“用手投票”和“用脚投票”的影响途径，发现绿色投资者显著促进企业参与绿色治理。而大量文献主要围绕环境治理的结果为导向展开研究，形成了众多有益结论，主要包括环境信

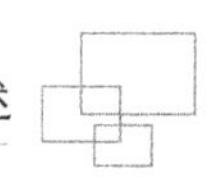

息披露、环保投资、环境绩效、ESG（企业环境、社会和治理）战略等方面。

1. 企业环境信息披露的相关研究

企业环境信息披露是环境会计的组成部分，是企业通过官方渠道公开和披露的环境及其相关信息和数据。对企业环境信息披露的影响因素研究主要基于以下三个方面。

一是政府施加的制度影响。这主要来自政府制定的法律约束及部门的监管。研究认为当政府颁布环境法律和监管程度较强时，企业更可能进行环境信息披露，并且在重污染行业中二者的影响关系更强（肖华等，2008）。如叶陈刚等（2015）基于外部治理视角，以 2009—2013 年重污染上市公司为研究对象，研究发现政府和社会层面的压力均可以提高企业环境信息披露质量。

二是媒体关注的影响。沈洪涛等（2012）研究认为媒体通过环境报道对企业形成合法性压力，为此企业需借助环境信息来缓解媒体带来的环境合法性压力，然后基于中国重污染行业上市公司为研究样本，利用合法性理论，分析舆论监督和政府监管对企业环境信息披露的作用，以及政府监管对舆论监督作用的影响，结果发现媒体关注程度越高，企业进行环境信息披露的可能性越大。

三是高管自身特征的影响。个体的不同特质有不同的影响结果，个体特质主要包括心理和生理的特质，如智力、能力、价值观、性别、年龄等。不同性别的影响程度存在差异，因为不同性别使得心理上存在差异进而产生不同的行为表现。由于在传统的社会分工中，女性承担了更多照顾儿童和老人的责任，所以女性比男性更有母性，更加友善，善于表达感受及更敏感（Daily et al.，2003），这就可能使得企业中女性高管比男性高管更关注企业社会责任履行，对公司社会绩效更敏感（Burgess et al.，2002），更愿意承担社会责任。有研究指出女性高管能够提高企业的环境绩效（吴德军等，2013），这充分说明女性高管更具有生态环保意识。还有学者认为年龄越大的人，越是趋于遵守既定的道德伦理原则。这是因为随着年龄的增长，企业高管在决策制定上会更加保守，为规避风险而主动承担社会责任，诸如加强安全生产基础设施建设，向受灾地区捐赠物资，更新生产设备减少碳排放等；随着年龄的增长，管理者的道德观念会逐渐提高，对社会的责任感会逐渐增强，愿意承担更多的社会责任（Forte，2004），研究学者指出高管的年龄有助于企业环境信息披露（毕茜等，2012）。

2. 企业环保投资的相关研究

企业环保投资主要是指企业用于购置环保设施、改进环保系统和技术、治理污染排放物等方面的资金投入程度。一些学者基于制度理论视角，认为宽松的环境管制会导致企业较低的环境标准遵守率和较少的环保支出（张济建等，2016），以及环境管制对企业环保投资行为的影响存在“门槛效应”，企业环保投资行为更多地体现出“被动”迎合政府环境管制需要的特征（唐国平等，2013）。还有部分学者集中于股东压力（Sharma et al.，2005）、机构投资者（Berrone et al.，2013；姜广省等，2021）、媒体关注（王云等，2017）等的外部治理。唐国平等（2013）从内部公司治理机制出发，发现公司大股东和高管在环保投资决策方面存在“合谋”倾向，使得股权制衡度和管理层持股负向影响企业的环保投资。王舒扬等（2019）基于2008年和2010年第八次、第九次全国民营企业抽样调查数据，指出民营企业中设立的党组织可以通过监督和引导企业实施绿色行动等形式增加企业绿色投资。对于污染性企业，机构投资者的投资较少，更可能实施退出机制，迫使污染企业支付“污染环境的代价”（李培功等，2011），并且绿色投资者更倾向于制裁污染性行业企业。王云等（2017）研究表明媒体关注作为外部公司治理的重要组成部分，其“治理效应”显著提高了企业环保投资。还有部分学者发现高管特征也是影响企业环保投资的重要因素。如张琦等（2019）从政治经济学分析视角，选取74个试点城市中的重污染行业上市公司作为研究样本，以《环境空气质量标准》（GB 3095—2012）的实施为准自然实验。研究发现，新标准实施前，高管具有公职经历的企业环保投资规模更大，而新标准实施后，高管具有公职经历的企业环保投资提升程度更高，而高管的政治网络对企业环保投资却有负向作用（李强等，2016）。还有学者基于高管的地方认同视角进行考察，认为地方认同是指人们与某一地区在生活和成长过程中相互作用形成的情感联结关系，产生的一种人地情怀（Proshansky，1978），也即人们对

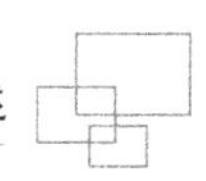

某一地区的依恋程度。现有研究主要探究地方认同通过影响环境友好的态度来影响环境治理行为，地方认同影响了人们对待环境的态度，提高了人们与环境保护政策的自愿合作程度，例如，Vaske et al.（2001）基于 14 ~ 17 岁青少年的样本研究结果指出，当青少年对某一地区产生依恋之后，在生活中就会表现出负责任的环境友好行为；另外，地方认同能够提高人们的环保意识，地方认同感越强，人们越容易约束自己的环境污染行为，更可能表现出频繁的亲环境行为（Scannell et al.，2010）。在此基础上，胡珺等（2017）认为地方认同能够提高对家乡环境更友好的态度，降低利己心态，协调企业经营与环境相关利益者的冲突，以及引导遵循环境规制来影响企业环境治理。同时，基于 2000—2014 年沪深非金融上市公司的样本，使用企业的环境资本支出作为企业的环境绩效，研究结果指出：当董事长和总经理在其家乡地任职工作时，企业的环境投资更多，说明高管的家乡认同对企业环境治理行为具有积极的推动作用，进一步发现，高管的个人特质（性别、年龄和学历）和家乡特征（经济发展、环境质量和公众环保意识）对上述关系具有一定的调节作用。

3. 企业环境绩效的相关研究

这部分研究主要是使用不同的环境绩效测量指标来考察董事会治理结构的影响，一些学者在将环境绩效测量为环境诉讼可能性的基础上，认为在董事会规模越高，独立董事比例越低，在工业企业任过职的董事比例越大，以及内部人持股比例越高的企业中环境诉讼可能性越大（Kassinis et al.，2002）。还有一些学者使用 KLD 数据将环境绩效测量为环境优势及环境关注度，认为董事会规模越小，独立董事比例越高，CEO 任职之后董事任命的可能性越低，则环境绩效越好（Walls et al.，2012）。由于自然环境和相关战略机会的重要性日益增加，所以董事会的职责之一自然是处理环境战略（Kassinis et al.，2002）。如 De Villiers 等（2011）基于委托代理理论和资源依赖理论，将董事会监督程度衡量为董事会独立性、CEO-董事长两职兼任、在 CEO 之后任命的董事集中度以及董事持股，将董事会资源提供程度衡量为董事会规模、董事在多个董事会中任职、其他公司的 CEO 在董事会中任职、律师在董事会中任职以及董事任期，以此来探究其与企业环境绩效之间的关系，发现在董事会独立性较高、董事会中 CEO 之后任命的董事集中度较低的公司环境绩效更高；而拥有更大规模的董事会、更多活跃的CEO在董事会中任职以及更多的法律专家的公司，环境绩效更高。尤其在每个引人注目的公司丑闻曝光后，媒体头条都会出现诸如“董事会在哪里?”这样的公众呼声，将这种行为的责任归咎于董事会。比如最近的大众汽车因其排放丑闻而受到的惩罚已经上升到300亿美元。另外，根据信号理论（Connelly et al.，2011），企业可以通过在董事会层设立一个小组委员会或指定一个专门负责可持续发展问题的董事，作为处理利益相关者环境要求的手段，如环境委员会的设立，能够在经营的社区中获得更大的合法性，来证明他们的企业社会责任承诺或他们对利益相关者的积极战略姿态（Amran et al.，2014）。在这个意义上，董事会负责社会和环境问题的小组委员会的存在可以被视为公司向利益相关者发出的信号，以显示其对企业社会责任的承诺和参与，揭示了公司愿意改善其企业行为以满足利益相关者的期望。还有学者直接以单位某污染物排放水平下的产出水平度量环境绩效，例如，王兵等（2017）发现具有环保政策的基地内企业环境绩效较高，尤其是降低了废水等污染物排放量，并且环保政策具有较强的辐射效应，在一定程度上提高了周边企业的环境绩效，但这一效应随着辐射距离的增大而减少；周源等（2018）以2010—2013年湖州市企业为样本，结果发现绿色治理政策的颁布显著提高了相关企业的环境绩效，尤其是对内资企业、大中型企业的影响程度较强，但是绿色治理政策的颁布不利于企业全要素生产率的提高。Zhang等（2021）基于宏观视角，以每单位GDP的$PM_{2.5}$浓度作为环境质量的代理指标，考察绿色信贷政策在改善中国的环境方面是否达到了预期效果，并利用2007—2016年中国30个省级行政区的面板数据，运用固定效应模型和灰色关联分析法，发现绿色信贷确实从整体上改善了中国的环境质量，并识别了提高企业绩效、激励企业创新和产业结构升级三种影响机制。研究发现，绿色信贷政策为“两高”企业的短期融资行为提供了激励，但从长期来看，该政策具有惩罚作用，大大抑制了这些企业的投资行为；并且绿色信贷政策有助于减少二氧化硫和废水的排放。为了实现可持续发展目标，世界各国越来越多地通过绿色债券融资来实施可持续的融资机制，绿色债券已经吸引了工业部门和政策制定者的注意。Avik等（2021）基于标准普尔500全球绿色债券

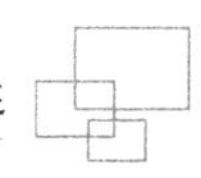

指数以及标准普尔500环境和社会责任指数，发现绿色债券融资机制可能会对环境和社会责任产生渐进式的负面转型影响。

4. 企业环境社会责任

企业环境社会责任作为企业社会责任的重要组成部分，反映了公司在开展各种环境保护活动方面的努力，例如资源和能源节约、减少污染和产品回收（Hart，1995；Chen et al.，2006）。随着企业的环境实践已经成为社会的一个重要问题，一系列利益相关者对企业环境社会责任的期望越来越高，环境社会责任正在成为重要的战略机会点（Hart，1995）。目前，学者集中探究影响企业环境社会责任的制度、组织以及董事会层面因素。从制度层面来看，制度因素是促进或改变企业社会责任活动的重要因素，例如，李彬等（2011）以制度理论为视角，基于404家旅游企业高管的调研数据，对制度压力（规制、规范和认知）作为影响企业社会责任的前置因素展开研究，结果发现不同的制度压力对企业的社会责任影响程度不尽相同，规范压力最大，认知压力次之，规制压力影响的统计结果不显著。周中胜等（2012）基于制度环境的特征视角，以2009—2010年披露企业社会责任报告的上市公司作为研究样本，结果发现政府对经济的干预程度越低、法律环境的完善程度越高以及要素市场的发育程度越发达的地区，企业社会责任履行状况越好。贾兴平等（2014）也发现舆论压力代表的制度环境与竞争强度代表的市场环境均对企业履行社会责任产生正面影响。上述文献更多关注于制度压力与企业社会责任的整体状况之间的关系，而对企业环境社会责任关注较少。姜雨峰等（2014）基于利益相关者理论和制度理论，研究发现利益相关者压力和制度压力对企业环境责任产生显著的正向影响。叶陈刚等（2015）基于外部治理视角，研究发现政府和社会层面的压力均可以提高企业环境信息披露质量。斯丽娟等（2022）基于外部约束和内部关注视角，使用2006—2020年中国A股上市公司数据，以2012年《绿色信贷指引》为准自然实验。研究发现，绿色信贷政策显著提高了企业开展前端治理和绿色办公的可能性，而降低了企业开展末端治理的可能性。随着公众对工业化在全球变暖中的作用日益关注，企业社会责任对董事会成员来说变得更加重要，尤其是面临环境问题，企业决策者越来越多地被要求考虑其业务决策对环境的更广泛影响。董事会作为组织的领导者，不仅在监督高层管理人员方面发挥着关键作用，而且在直接规划和制定战略方面也发挥着关键作用（De Villiers et al.，2011）。当董事在战略决策过程中向CEO和其他高层管理人员提供建议时，他们会带来专业知识和不同的观点。在这个意义上，管理层和董事会共同参与制定公司战略，往往会产生更广泛和更长远的视角。如Post等（2011）通过将企业社会责任扩展到环境领域的研究发现，外部董事比例较高、拥有3名及以上女性董事、平均年龄较小或较大董事会、受教育程度较高的企业表现出更多的企业环境社会责任（ECSR）。De Villiers等（2011）发现多重董事职位的环境影响不显著。与其研究结论不同的是，Ortiz-de-Mandojana等（2012）表明，多个董事职位（董事所关联的董事会数量）对公司采用积极的环境战略有促进作用。José-Luis Godos-Díez等（2011）指出负责社会和环境问题的董事会小组委员会的存在将促使企业履行社会责任，并且独立董事的法定任期限制，以及董事接受外部建议的可能性，都会对公司履行企业社会责任产生正向影响作用。在此基础上，Homroy等（2019）主要探究董事会在企业可持续发展过程中的资源提供作用，使用富时指数（FTSE）350公司的排放数据，研究发现具有环境问题处理经验的非执行董事及其网络关系主要通过提高公司的资本支出和研发费用来降低企业的温室气体排放。

5. ESG战略

ESG可以归类为“企业组织对环境、社会和治理责任的原则配置，环境、社会和治理响应的过程，以及与公司社会关系相关的政治、计划和可观察的结果”（Wood，1991）。该部分文献较为集中地考察了机构投资者的外部治理作用。传统委托代理理论假设机构投资者只对短期财务业绩感兴趣，他们会实施较高的ESG支出来提升股东价值（Barnea et al.，2010）。然而，如果ESG降低了投资风险，机构投资者就会要求企业披露ESG绩效（Mahoney et al.，2007），因此，该部分研究只关注机构投资者的持股比例。在气候变化以及未来生态能源长期紧缺的推动下，可持续问题可能会对商业模式和企业未来估值产生关键性影响。专注于企业价值最大化的机构投资者将可持续问题纳入投资决策和资本配置过程的趋势越来越明显（Utz，2019）。利益相关者理论认为机构投资者是否与ESG显著相关，取决于机构投资者的性质和特殊类型。由于机构投资者主要关注财务结果和投资风险，社会责任投资者（SRI）和长期投资者作为特殊的机构投资者，拥有一套同质的道德价值观，根据这些价值观，他们对 ESG 措施进行积极监督，在他们的投资决策中明确考虑 ESG 方面，从而要求企业具有较高的 ESG 业绩和信息披露（Dyck et al.，2019）。部分研究表明机构投资者持股比例对 ESG 披露（Suyono et al.，2018）和碳披露（Akbas et al.，2019）都产生了积极影响。一部分研究发现了机构持股比例与 ESG 披露之间的负相关关系（Qa'dan et al.，2018）。还有部分研究机构持股比例与 ESG 披露之间不显著的结果表明，机构投资者关于 ESG 披露（碳披露）的异质利益似乎更为现实（Hu et al.，2018）。关于机构投资者的性质方面，Hu 等（2018）没有发现长期机构投资者持股对 ESG 信息披露的显著影响。Garcia-Sánchez 等（2020）强调外国机构投资者与 ESG 披露或其子维度之间存在正相关关系。根据 García-meca 等（2018）的研究，压力敏感型（被动）机构投资者持股增加了 ESG 披露。而关于机构投资者类型，Garcia-Sánchez 等（2020）还发现养老基金对 ESG 绩效有积极影响，交叉持股、政府和金融机构对 ESG 绩效有消极影响。

还有部分学者基于 ESG 绩效从机构投资者的外部治理作用展开研究。如 Chen 等（2020）发现机构投资者持股比例与 ESG 绩效之间存在正相关关系。Akbas 等（2019）指出，通过增加机构投资者持股，可以实现更高的碳绩效。与此结论相反，Arora 等（2011）指出，机构投资者持股与 ESG 绩效之间存在负相关关系。关于机构投资者的性质，越来越多的研究表明，长期机构投资者改善了 ESG 的绩效（Fu et al.，2019；Kim et al.，2019）。另外，Dyck 等（2019）的研究表明，社会责任投资者（SRI）提高了 ESG 绩效。Alda（2019）也得出了社会责任投资者（SRI）显著提高环境绩效和碳绩效的结果。同时考虑到 ESG 指标的多维性和复杂性，综合 ESG 的所有维度可能无法说明企业仅在环境维度上负责任或责任缺失的情况（Walls et al.，2012）。Kordsachia 等（2022）考察了欧洲国家可持续机构投资者与环境绩效之间的正相关关系。与此相反，Motta 等（2018）并没有发现任何显著性。Pucheta-Martínez 等（2018）发现抗压型（积极）的投资者对 ESG 绩效有积极影响。与此相反，Wegener 等（2013）则指出积极的机构投资者持股并不会影响 ESG 绩效。

2.2.2 绿色管理方面

绿色管理主要是在管理层中树立一种生态意识，通过减少污染浪费及承担社会责任的方式，达到环境保护、获得竞争优势的目标，强调绿色管理为一种战略工具。关于绿色管理的研究更注重过程和强调成本导向，主要从两个方面进行研究。首先，制度理论学者认为绿色管理的决策和实践主要受到制度同构机制的影响，例如受到相似制度压力的影响，企业的绿色管理行为更趋于一致性，而受到多种外界压力时，企业绿色管理实践则存在较大差异（Jennings et al.，1995）；其次，学者基于资源依赖理论认为企业选择实施绿色管理战略受到可支配资本的制约，只有在企业绿色管理战略获得一定能力之后才能够保证企业获得市场竞争优势（Hart，1995），并且有学者指出在管理者生态意识较强和管理水平、财务能力、经营效率、技术能力较高的企业中更可能实施绿色管理（Darnall et al.，2006）。

随着研究的深入，研究学者开始从企业生产的各个方面来探究绿色管理的影响因素。主要包括以下几个方面。

1. 企业绿色创新

绿色创新主要强调创新的可持续性和降低环境负担，是节约资源和能源以及减少环境污染的技术和工艺等方面的创新（Saunila et al.，2018）。学者主要集中于探究影响企业绿色创新的制度、企业以及高管层面因素。

从制度层面来看，受制度压力的影响，企业可能为追求组织合法化而采取遵守制度规定的战略（Ramanathan et al.，2017）。例如，景维民等（2014）研究表明，一定程度的环境规制有利于企业进行清洁化生产技术的创新。Chen 等（2018）研究证实，制度强制性压力有助于促进企业绿色创新；田玲等（2021）发现，2012 年低碳城市试点政策对非试点城市企业绿色创新的影响大于对试点城市企业绿色创新的影响；王馨等（2021）研究发现，《绿色信贷指引》的实施，虽然不能明显提升绿色信贷限制行业的绿色创新质量，但是能够提高该类行业的绿色创新总量。还有学者从环境规制的异质性进行分析，发现惩罚型环境规制利用合法性压力迫使企业

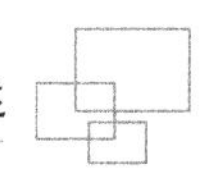

采取绿色创新行为（彭雪蓉等，2015），而且基于市场经济手段和环境补贴的激励型环境规制也会促使企业实施绿色创新。例如，齐绍洲等（2018）指出，排污权交易试点政策对试点地区重污染企业的绿色专利具有正向影响作用。廖文龙等（2020）基于碳排放交易试点作为准自然实验，发现这一市场型环境规制手段能够有效激励绿色创新，进而实现绿色经济增长。陈力田等（2018）认为企业实施绿色创新具有趋利（战略柔性）和伦理（环境伦理）两种动因，并且指出这两种动因的混合交互作用更有利于诱发企业绿色创新。而另一些研究得出了相反的结论，如李青原等（2020）发现在外部压力和内部激励的作用下，排污费"倒逼"了企业绿色创新，而为了迎合政府和存在机会主义的作用下，环保补贴"挤出"了企业绿色创新。这表明环境规制在企业绿色创新中发挥着至关重要的作用。在企业利润最大化的驱动下，企业往往优先考虑自身利益，而不是整个社会的环境福利，导致私人和社会对绿色创新的回报之间存在差距。宽松的监管可能导致企业在绿色创新上搭便车，而在严格的环境监管下，绿色创新的负外部性可以得到缓解，因为实施绿色创新可以被视为实施环境监管并获得监管合法性的合作努力。

从企业层面来看，由于绿色技术具有更新、更激进的特点，实施绿色创新可能需要更多资源来应对技术风险或满足更大融资需求（Amore et al.，2016），因此，在面临外部压力时，资源丰富的企业更可能投资必要的人力、资金等实施绿色创新（Berrone et al.，2013）。有学者指出，受成本效益制约，实施质量管理的企业可能更专注于形式化、规范化理念，以及为了避免风险和降低成本而抑制企业绿色创新（Li et al.，2018）。根据知识基础观（KBV），吸收能力可能是影响企业绿色创新的一个重要因素（Galbreath，2019）。此外，正如 Arfi 等（2018）所指出的，企业将外部知识转化为内部技能的吸收能力对成功的绿色创新是不可或缺的。

此外，在高管层面，与男性相比，女性往往对环境问题更敏感，主张承担更多环境责任，从而可能影响企业绿色创新（Kassinis et al.，2016）。Galbreath（2019）研究指出，越是存在女性高管的企业，越可能进行绿色创新，并且女性高管正向调节出口强度对绿色创新的积极影响。除了高管性别这类先天特质外，相关领域对于经历之类后天特质的研究还比较少。

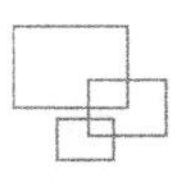

有研究发现，人们往往会根据自己的过往经历和所处环境来评价某活动，进而形成自己的行为偏好。例如，Dearborn 等（1958）指出，企业高管职业差异会导致选择性认知，进而引起决策行为偏差，即每位高管可能会感知特定职能领域的活动和目标，如生产部门经济倾向于生产性活动，而销售部门经理则倾向于销售活动。

还有部分学者集中于绿色过程创新。与传统创新相比，绿色过程创新强调企业改进其现有过程和开发新过程的能力，从而节约能源、防止污染、循环利用资源和提高生产率（Chiou et al.，2011；Huang et al.，2017）。Xie 等（2019）将绿色过程创新分为两个独立的类别：清洁生产技术创新和末端技术创新。第一类，清洁生产技术创新，是指持续应用综合预防环境战略，旨在最大限度地减少环境危害，提高生产效率，包括使用更有效的能源，减少自然资源的使用，用污染较少的材料替代特定材料（Xie et al.，2019）。一般来说，从长远来看，清洁生产技术是可取的，因为它能从源头上减少排放。第二类，末端技术创新，在生产制造过程的末端，针对产生的污染物开发并实施有效的治理技术。例如引入额外的过滤系统，这是一种通过改进和更新末端设备的过程来减少污染排放的方法（Yang et al.，2015）。末端技术创新的结果往往是将污染物从一种介质转移到另一种介质，使其更容易管理。因此，末端技术创新已被证明有助于企业遵守地方和国家排放标准（Frondel et al.，2007）。对于绿色过程创新而言，绿色补贴对企业绿色过程创新实践具有积极影响，因为得到政府的支持对于引导企业的绿色技术创新至关重要。一方面，正如 Matos 等（2018）所指出的，鉴于绿色过程创新涉及对企业现有生产流程的根本性改变，资源的不可获得性会给清洁生产技术的实施带来困难。另一方面，实施末端技术革新需要额外的能源和材料（Zotter，2004），因此，政府通常给予企业财政激励，以使其进行创新。但是绿色补贴会导致过度扩张和过度投资（Feng et al.，2016）。

2. 绿色供应链

绿色供应链主要是企业实行绿色采购、激励供应商实施清洁生产，优先选择环境友好型的产品和服务（南开大学绿色治理准则课题组等，2017）。研究学者指出，企业采购部门的绿色战略定位以及环保承诺直接

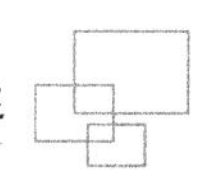

影响绿色供应商的评价和合作水平，进而影响整合绿色供应链的绩效水平（Large et al.，2011），并且来自外界管制、客户、竞争者等方面的压力不同，导致企业绿色供应链绩效也存在差异（Hoejmose et al.，2012），也有学者探究协调契约在企业绿色供应链管理中的作用（Ghosh et al.，2012）。

3. 绿色生产

绿色生产主要是指企业采用严格的环境标准以及能效和节能技术，并促进其发展和推广，提供环境友好型产品和服务（南开大学绿色治理准则课题组等，2017）。该方面的研究学者主要基于生产阶段评价绿色生产效率，例如研究非合作博弈的两阶段生产系统的环境效率评价（卞亦文，2012）、基于方向性距离函数的网络 DEA 模型评价绿色生产效率（涂正革等，2013）、基于 SBM 的网络 DEA 模型评价绿色生产和环境治理的两阶段效率（李静等，2015）。另外，在考察绿色生产与企业创新之间的关系时，有学者指出受环境规制的影响，绿色生产降低了企业创新能力的“遵循成本”（张彩云等，2018）。有学者认为合理的环境规制通过“创新补偿”效应激励创新，促使企业增加研发创新投入，提升创新水平（Porter et al.，1995）。但还有学者指出由于创新补偿效应可能会滞后于遵循成本的反向影响，所以会导致绿色生产规制与企业创新呈现 U 形关系（蒋伏心等，2013）。

4. 绿色营销

绿色营销主要是指企业推广节能新产品，降低消费过程中的能源消耗与环境污染，目前研究学者主要从理论层面进行考察。例如，何志毅等（2004）认为企业只有提高自身绿色营销意识，才能够适应因消费群体的绿色意识增强而导致的消费倾向变化。井绍平（2004）指出企业绿色营销主要通过影响消费者的心理需求来改变消费群体行为，并且通过影响口碑传播促进消费者绿色品牌转换。在此基础上，井绍平等（2010）认为绿色营销通过口碑传播对消费者品牌转换过程产生影响，并且主要通过推动口碑传播内容的变化、方式的更新、速度的提高和角色的变换来影响口碑传播。

2.3　企业参与绿色治理的经济后果研究

企业参与绿色治理除了具有很强的外部性之外，更多地是为了实现企

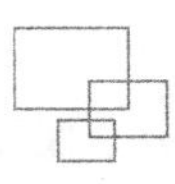

业的可持续发展目标，那么企业如何通过参与绿色治理来增加企业的可持续发展绩效呢？Ghoul 等（2011）发现企业参与绿色治理能够降低企业的股权成本和债务成本，这在一定程度上可以提高企业的财务绩效，增加其经济价值（Petersen et al.，2009）。另外，企业参与绿色治理又可以缓和与政府、社区等利益相关者的关系，创造共享价值，促进社会和环境的共同发展。对企业参与绿色治理产生的经济后果问题的相关文献进行梳理后发现，少数研究直接考察了企业参与绿色治理产生的经济后果。例如，李维安等（2019）在构建绿色治理指数的基础上，研究发现绿色治理并不能带来短期利润，但却有助于提高企业的长期价值。姜广省等（2021）发现越可能实施绿色行动、较高绿色支出和绿色治理绩效的企业越可能获得绿色投资者的认同，并且除了绿色支出负向影响企业经营绩效之外，绿色行动和绿色治理绩效均有利于提高企业经营绩效。而大多数研究聚焦于企业环境信息披露、企业绿色管理及绿色创新等方面所产生的经济后果。

下面主要从环境治理与绿色管理等产生的经济后果进行回顾。

2.3.1 企业环境信息披露的经济后果

首先，部分学者从环境保护的角度研究了企业社会责任与非系统风险之间的关系。高质量的环境信息披露可以减少企业与证券市场参与者之间的信息不对称，并能降低企业的非系统性风险（Tzouvanas et al.，2020）。对于信息有限的投资者来说，很难正确评估企业价值，这也是股票异常性波动的主要原因（Liu et al.，2014）。对于环境信息披露较少的企业，其利益相关者（如股东、客户、消费者等）往往认为企业有隐藏有害环境信息的可能，从而会降低市场模型的定价效率，增加股票的非系统性风险。其次，企业主动披露环境信息符合公众的期望，从而有助于塑造负责的企业形象（Hasseldine et al.，2005）。它还可以向外界发出信号，表明企业的运营是合法和稳定的，并为投资者提供财务报表以外的可靠信息（Ben-Amar et al.，2015）。此外，还有消费者、供应商、员工和除股东之外的其他利益相关者，企业需要协调所有主要的利益相关者以获得竞争优势（Jones，1995）。企业披露高质量的环境信息不仅可以满足利益相关者的信息需求，还可以与利益相关者之间建立牢固的关系（Connelly et al.，

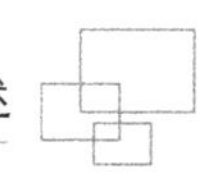

2011），从而为投资者获得足够的信息提供保障。另外，达标的信息披露有助于降低投资者对股票价值的认知分歧程度，从而提高市场模型的定价效率，降低股票的特质波动率（Jiang et al.，2009）。

2.3.2　企业环境社会责任的经济后果

日益严重的环境恶化迫使决策者在经济增长议程中注重可持续发展。之前的研究已经证实，企业环境社会责任（ECSR）在企业运营中发挥着重要作用（Cai et al.，2016）。新古典经济学派基于经营成本视角，认为企业环境社会责任可能会导致不必要的成本，例如高固定成本和可变成本（如购买污染控制设备），这可能会降低财务绩效。部分文献从资源视角研究发现，ECSR 代表了企业不可替代的绿色相关能力，它可能会提高公司的运营效率（Hart，1995），并使其能够进入新市场。ECSR 还可以提供对宝贵资源的访问（Cheng et al.，2014），改善利益相关者的关系和反应，并吸引客户。作为企业社会责任的一个重要子集，企业环境社会责任包括企业的整体环境信息、污染预防措施、资源节约措施等（Luo et al.，2012）。以往的研究发现，在企业环境社会责任方面表现良好的企业更容易成功（Barnea et al.，2010）。一方面，主动披露企业环境社会责任可以提高企业声誉，赢得消费者和利益相关者的支持（Luo et al.，2012）；另一方面，高质量的企业环境社会责任也对协调利益相关者之间的关系起到了积极作用（Connelly et al.，2011）。因此，企业环境社会责任可以向公众发出一个信号，即公司的行为是合法的，同时公司也重视环境保护（Tzouvanas et al.，2020）。这种信号可以降低信息不对称的程度，增加信息的透明度，提高投资者的决策效率。这不仅有助于提高企业声誉并获得积极的市场反应（Cordeiro et al.，2015），而且有助于提高企业的长期财务表现，并降低股权融资成本和债务融资成本（Jo et al.，2015）。

2.3.3　企业 ESG 战略的经济后果

该部分文献大多从综合角度考察企业的环境、社会和治理绩效（Faller et al.，2018）。根据 ESG 的商业案例论证，成功的 ESG 战略应能带来更好的财务绩效和长期公司价值。如 Dyck 等（2019）使用全球 41 个国家的数

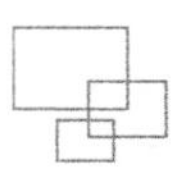

据，发现机构投资者主要基于财务动机来驱动全球企业环境和社会绩效。部分文献认为企业自愿的 ESG 努力降低了负面事件发生的概率（Kim et al.，2014），也更普遍地降低了企业风险（Albuquerque et al.，2019）。还有部分学者从市场定价效率视角考察 ESG 的作用。如 Cao 等（2018）探讨了社会责任投资的趋势如何影响股票价格的信息效率，发现在 ESG 表现和错误定价信号的交易影响的分歧驱动下，在更具社会责任感机构持股的企业中，错误定价信号的回报预测性要强得多，社会责任机构不太可能买入 ESG 表现不佳的低价股票或卖出 ESG 表现良好的高价股票，即随着 ESG 投资的兴起，市场定价出现无效率。Bofinger 等（2022）考察了企业社会责任对美国企业错误估值的影响，发现企业环境、社会和治理（ESG）状况对企业估值有显著影响，具体来说，企业社会责任水平越高，企业市场价值与真实价值之比越高。并且 ESG 使得对企业价值的高估进一步扩大，同时也使得价值被低估的企业接近其真实价值，这两种估值效应都可归因于全球可持续性投资的趋势。

2.3.4 企业绿色管理的经济后果

对于绿色管理的经济后果研究，主要聚焦于其产生的财务绩效和环境绩效。部分学者从资源的视角进行考察，发现企业实施绿色管理可以在筛选供应商时起到作用，选择更优的供应商可以为企业获得相对优质的资源（Vachon，2008）。Lucas 等（2016）也认为绿色管理能够对企业内部要素进行重新配置，可以提高组织学习和资源利用的能力，进而实现降本增效的作用。部分学者从企业可持续绩效考察绿色管理的积极作用。如张启尧等（2016）通过构建绿色知识管理能力、双元绿色创新与企业绩效间关系的概念模型，发现绿色知识管理能力和双元绿色创新均对企业绩效有显著正向影响。成琼文等（2017）通过构建绿色供应链管理实践和管理绩效子系统及系统动力学模型，发现在经济和环境双重压力下，当企业达到一定的盈利程度时才会积极采取绿色供应链管理实践，从而产生较高的环境绩效。还有部分学者基于利益相关者理论视角，发现绿色管理对企业绩效的积极作用。如邓学衷等（2020）基于绿色战略和动态能力理论视角，发现绿色高级管理、绿色生产对企业财务绩效有直接且显著的正向影响。还有

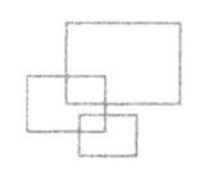

部分学者从行业视角分析绿色管理的积极经济后果。如王帅琦等（2021）通过实证研究法，对绿色供应链管理、制度环境与零售企业环境绩效的关系进行考察，发现制度环境通过促进企业进行绿色供应链管理来显著提高企业环境绩效。

2.3.5　企业绿色创新的经济后果

与传统的创新不同，绿色创新强调的是创新的可持续性和降低环境负担，指的是与节约资源和减少环境污染所采取的技术、工艺等方面相关的创新。关于企业绿色创新产生的经济后果的研究主要集中于以下几个方面。

第一，部分文献从财务绩效来考察企业绿色创新的经济后果。如陈劲等（2002）以不同类型和方式的绿色技术创新为出发点进行实证研究，发现企业绿色创新能够显著提高企业的财务绩效。Chen（2008）基于资源基础观，发现企业绿色创新可以在一定程度上减少企业的资源浪费和消耗，进而降低企业运营成本。任家华（2012）研究发现企业在生产服务过程中研发绿色创新产品、减少污染物排放等绿色行为可以很好地满足绿色供应链管理的要求，对于企业自身而言可以降低成本费用，提升企业财务绩效。徐雯（2020）以 2010—2017 年中国沪深 A 股工业上市公司为研究对象，对市场压力、绿色创新与企业财务绩效三者关系进行实证分析，发现绿色创新战略的实施有助于企业财务绩效的提升，并且面临较高的市场压力，绿色创新战略对企业财务绩效的提升作用更加显著。刘明广（2020）对 2009—2017 年中国 30 个省份的面板数据进行实证分析，发现命令型环境规制和市场型环境规制可以通过企业绿色产品创新和绿色公益创新来提高企业绩效。

第二，部分文献从环境绩效来考察企业绿色创新的经济后果。企业通过绿色创新能够提高资源利用效率和降低生产成本，以及优化产品生命周期内的环境效益（Chen et al.，2006）。如 Chiou 等（2011）认为，企业绿色创新可以通过对环境风险的管理和环境持续改善能力的发展，为企业的卓越绩效做好准备，从而改善企业的环境绩效，增强企业在市场中的竞争优势。李凯杰等（2020）使用空间面板模型发现绿色创新有利于改善环境质量。近年来，学术界逐渐开始关注绿色创新对企业可持续绩效的综合影响，尤其是绿色过程创新已被视为企业追求可持续发展的一项关键战略。越来越多的制造业关注绿色过程创新，以保持可持续发展。例如，许多制造业都关注替代清洁能源和回收利用。此外，绿色过程创新可以帮助企业提高绿色产品的质量，从而为开发更好的绿色产品奠定基础（Xie et al.，2019）。相应地，绿色过程创新不仅可以改善环境绩效，还可以进一步提高企业的财务绩效。如解学梅等（2021）基于二元合法性理论，将绿色创新划分为绿色工艺创新和绿色产品创新，研究发现二者均能够促进企业提高财务绩效和环境社会责任绩效构成的可持续发展绩效，但绿色工艺创新相比绿色产品创新更能改善企业环境社会责任绩效，而绿色产品创新相比绿色工艺创新更能提升企业财务绩效；并且由适应合法性和战略合法性组成的二元合法性在绿色创新与企业可持续绩效之间的关系中起到了中介作用。

第三，部分文献从提高竞争优势的视角来考察企业绿色创新的经济后果。研究表明，积极从事环境管理和绿色创新的企业，不仅可以最大限度地减少生产浪费，提高整体生产力，提高企业声誉，从而提升处于消费者环保意识较高和国际环境保护条例严格的情境下的企业竞争力（Porter et al.，1995；Chen et al.，2006），而且成功的绿色创新有助于企业实现更高的效率，并创造其核心竞争力（Chen et al.，2006；Chen，2008）。还有部分文献基于合法性视角，认为合法性作为企业的战略资源可以显著提升企业绩效。Berrone 等（2013）基于制度理论和信号理论，考察了异质性环境行为对环境合法性的影响，研究发现企业通过绿色创新、设立环境委员会、制定高管环保薪酬政策等发出强烈的环境质量信号，可以显著提高企业的环境合法性，而企业通过参加政府机构赞助的环境项目（如废物利用计划）、使用环境商标等发出较弱的环境质量信号，可能会损害企业的环境合法性，并且在发出的信号更可信（环境绩效改善较多）时，前述环境行动对环境合法性的影响更为显著。因此，企业主动实施绿色创新战略，能够为自身带来经济效益和环境效益的可持续发展。例如，有研究学者指出企业通过绿色创新不仅可以提高资源利用效率和降低生产成本，优化产品生命周期内的环境效益（Chen et al.，2006），还会帮助企业满足环保的

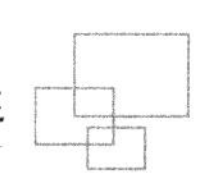

要求，避免政府监管部门的惩罚（Chang，2011），为企业带来良好的外部声誉和竞争优势，最终为企业带来积极的经济绩效和社会效益（刘柏等，2021）。

2.4　文献述评

通过梳理国内外关于企业参与绿色治理方面的文献可以发现，以企业作为主体参与绿色治理的研究有较少的涉及，并主要从绿色投资者的可持续投资理念入手来考察其对企业参与治理的直接影响。但关于企业“绿色”活动的相关研究已取得很大进展，现有文献对环境治理和绿色管理的研究为本书分析绿色转型时期企业参与绿色治理的行为决策提供了理论基础。现有研究对于企业“绿色”活动的影响因素和经济后果进行大量的探究，具体如下。

首先，现有关于企业参与绿色治理的影响因素研究主要集中于宏观制度环境、微观公司治理两个层面。其一，研究指出制度压力是企业采取绿色环保实践的主要驱动力（Schaefer，2007），不仅包括《中华人民共和国环境保护法》的具有惩罚性质的环境规制（崔广慧等，2019）、环保约谈（吕康娟等，2022），还包括环保补贴等市场激励性环境规制（胡珺等，2020）。其二，主要指公司治理层面。研究学者从董事会设置环境委员会（Homroy et al.，2019）、高管过度自信（刘艳霞等，2020）、绿色投资者（姜广省等，2021）等因素考察其对环境治理、绿色管理等的影响作用。上述研究主要关注外界压力、董事会结构特征或者高管个人理性特征，虽然刘艳霞等（2020）指出高管过度自信这一非理性特征会抑制企业的环保投资，但是这些研究并未关注到企业参与绿色治理过程中可能存在的一致性现象。

而现有学者主要从两个效应来探讨企业行为结果的一致性。其一是羊群效应。该效应更多地强调模糊信息环境下的决策者忽略私有信息而跟随大众决策产生的一种从众行为（Banerjee，1992）。例如，Bo（2006）基于英国企业样本，指出出于维护个人声誉目的的管理者投资的羊群效应倾向更强。在此基础上，谢玲红等（2011）发现管理者做出发布业绩预悲信息

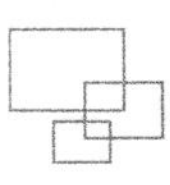

披露决策的可能性与发布该类型信息的同类型公司数量正相关。另外，方军雄（2012）认为管理者产生投资决策的羊群效应的主要原因是降低投资之前的信息收集成本以及之后的推卸责任或避免控股股东不必要的质疑，而后基于1999—2009年上市公司样本，指出上市公司投资决策确实存在羊群行为，并且这一行为降低了企业绩效水平。其二是锚定效应。该效应是一种最常见的启发式心理模型，是指在充满不确定性的环境中，决策者会从某一倾向值（锚定值）出发，调整决策倾向，产生估计结果接近于最初锚值的现象。现有学者从企业投资（George et al.，2007）、股改对价（许年行等，2007）、并购溢价（陈仕华等，2016）、捐赠行为（祝继高等，2017）、社会责任（何青松等，2019）、新企业出口行为（邵智等，2020）等不同视角，沿用并发展了Tversky等（1974）关于锚定与调整启发式的研究框架，验证了锚定效应的存在。可以看出，羊群效应更多的是强调管理者的理性经济人假设，以及进行决策时出现人为的忽略私有信息仅注重公共信息的现象（Banerjee，1992），而锚定效应主要是基于管理者的非理性特征，强调决策过程中更可能利用所收集到的信息（不仅包括私有信息还包括公共信息）去建立参照点作为锚，以及由锚定调整机制产生的内在锚效应和启动选择通达机制产生的外在锚效应（Tversky et al.，1974；陈仕华等，2016；祝继高等，2017）。

其次，现有研究对高管的理性和非理性因素的影响进行了较为全面的研究，但是仅局限于单一主体自发的环境治理、绿色管理等层面，还未上升到绿色治理层面。该类文献关注于高管的家乡认同等非理性因素对环境治理的影响，主要基于新制度经济学的理论进行研究，一般认为家乡认同等非正式制度的传染延续性，往往带来比正式制度更强的约束力（胡珺等，2017）。而关于企业参与绿色治理中的锚定效应还未涉及。对于锚定效应的应用研究，研究学者或探讨审计判断、投资中的内在锚效应，或探讨股改、众筹中的外在锚效应，抑或探讨信用评价、并购溢价、捐赠等中的双锚效应，而外部性以及产生的效益的不确定性与长期性，则可能使得企业参与绿色治理环境具有较高不确定性，也可能会存在锚定效应，而现有研究对这方面还未做探讨。

再次，现有研究虽然从制度和企业层面来研究绿色创新的影响因素，

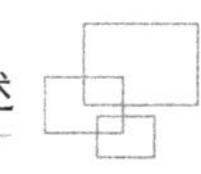

但是对于企业高管特质层面的研究还比较少，这些文献主要集中于高管性别的调节效应，例如 Galbreath（2019）基于澳大利亚上市公司样本研究指出女性在企业中的领导地位越高，出口强度与绿色创新的正向影响关系越强。但是高管性别只是属于先天特质，而对于经历这一后天特质的研究还比较缺乏，作为影响企业组织行为的重要因素，高管特质不仅包括高管的先天特质，也包括其后天特质（Hambrick et al.，1984）。正如 Hambrick 等（1984）指出高管的认知主要是通过高管经历影响其理解问题的方式、处理问题的能力来实现的，可以说组织行为是高管经历特征的一种反应。并且高管经历这种后天特质不仅使其具有专业的知识和能力，还能够塑造决策行事风格（Cho et al.，2017），与先天特质具有本质的差别。研究指出，人们比较容易根据自己的经历和所处的环境来判断对某事物的态度，形成自己的行为偏好（Albarracin et al.，2000）。Dearborn 等（1958）较早指出企业高管的职业差异会导致选择性认知，进而引起决策行为偏差，即每一位高管都可能会感知特定职能领域的活动和目标，如生产部门经理倾向于生产性活动，而销售部门经理则倾向于销售活动。而企业高管因接受过“绿色”相关教育（如“环境工程”专业毕业等）、从事过“绿色”相关工作（如企业环保部部长等）等具有的绿色经历也是经过后天培养起来的一种特质，但是现有文献却尚未关注其对企业绿色创新的影响。

另外，由于环境问题的长期性和复杂性，董事的咨询建议职能将是至关重要的。董事的绿色经历不仅使其具有较高的道德标准和社会责任感，还能够增加环境等绿色知识储备，很好地提供跟进环境机遇所需的专业知识，或提供获得相关知识和资源的机会，从而更好地为企业参与绿色治理提供咨询和建议，减少企业参与绿色治理的非理性行为。但是现有文献却尚未关注董事的绿色经历对企业参与绿色治理的影响。

早期高阶理论的研究主要关注于高管团队成员，并将其作为一个整体来进行研究——隐含的是将 CEO 作为与其他高级管理人员同等地位和具有相同影响力的个体（Hambrick et al.，1984），但是随后的研究指出企业决策影响力在高级管理团队中并非均衡存在（Jeong et al.，2017）。CEO 作为企业最强大的领导者和资源整合者，占据着影响和塑造企业行为和结果的最强有力的地位，其发挥的作用和实际拥有的巨大影响力要远高于其他的高管团队成员，仅将 CEO 作为高级管理团队的一员进行研究可能存在不能反映实际情况的现象（Jeong et al.，2017）。因此，单独考察 CEO 特质（经历等）对企业战略决策等的影响的研究成为高阶理论研究中与对高级管理团队特质影响研究并行的两大研究分支之一（Jeong et al.，2017）。在此基础上，现有学者分别从财务经历（姜付秀等，2013）、贫困经历（许年行等，2016）、飞行员经历（Sunder et al.，2017）、学术经历（张晓亮等，2019）等视角考察 CEO 的后天特质对企业投融资决策的影响。综合以上分析，现有研究对于高管绿色经历的关注还比较少，更未将其作为一种内部驱动因素来分别考察 CEO 绿色经历对绿色创新的影响，以及董事的绿色经历对企业参与绿色治理的影响。

最后，现有研究对于企业参与绿色治理的价值创造效应文献还较少。研究学者主要从企业环境信息披露、环境社会责任、ESG 战略、绿色管理和绿色创新等视角考察其产生的环境诉讼、环境优势及环境关注度、单位某污染物排放水平下的产出水平等环境绩效方面，以及包括财务绩效在内的可持续绩效，但是对于中国企业通过何种动力机制参与绿色治理，能否给企业带来长期盈利的价值效应的研究还较为缺乏。

Chapter3

第3章

制度背景和基础理论

3.1 制度背景

3.1.1 境外国家颁布与环境保护相关的制度

企业生产经营活动对环境的影响是这个时代最紧迫的问题之一。近年来，随着社会大众环保意识的不断增强，企业正面临着公开自身环境信息的制度压力，要求他们对环境负责，这种压力以不同的方式表现出来。大多数国家已经发布了关于环境可持续发展的道德行为准则。例如，美国《清洁空气法》于1963年签署生效，并经三次修订，于1990年以《清洁空气法修正案》形式修正，要求美国环保署为特定固定排放源设定标准，即新排放源能效标准，此标志适用于所有新排放源和现有排放源。环保署为新排放源确立标准，联邦级和州级环保部门分担对现有排放源的所有责任。目标是降低炼油厂以及燃烧化石燃料的发电厂的温室气体排放量。通过设定炼油厂性能标准，美国环保署鼓励生产者采取节能措施达到降低温室气体排放的目的。1989年成立环境责任经济联盟（Coalition for Environmentally Responsible Economics，CERES），主要来自美国各大投资团体及环境组织的成员加入其中，工作重点在于促进企业界采用更环保、更新颖的技术与管理方式，以尽到企业对环境的责任。同年，环境责任经济联盟提出包含十条内容的企业行为规定——《瓦尔德斯原则》（*Valdez Principle*），后经修改成为《环境责任经济联盟原则》（*CERES Principle*），并于1992年颁布。该原则是一套内容详细的声明，鼓励接受该原则的企业把其当作改善环境治理工作的标准，它包含了企业经济活动对环境影响的各个方面，主要包括对生态圈的保护、永续利用自然资源、废弃物减量与处理、提高能源效率、推广安全的产品与服务、损害赔偿、开诚布公、设置负责环境事务的董事或经理等，这些由公司公开和自愿认可。2009 年，《俄罗斯联邦关于节约能源和提高能源利用效率法》中要求制定并执行节约能源和提高能源利用效率的国家政策，协调节约能源和提高能源利用效率各项措施，并检查联邦预算机构、联邦国家单一制企业、国有企业、国营集团公司对节约能源和提高能源利用效率措施的实施情况。在随后的《俄罗斯联邦关于 2020 年前的气候变化构想》中指出企业将负责实施提高热电联产、运输、建筑和工业设施节能的措施。同年南非发布《关于南非治理的金报告 2009》，对上市公司的透明度和问责制明确提出董事会应确保公司整合报告的完整性，而整合报告意味着公司在财务状况和可持续发展方面的绩效都能整合统一。另外，可持续发展报告和披露应与公司财务报告相结合，即与财务报告一样，需要为内部和外部利益相关者提供可信的可持续发展报告。同时，可持续发展报告和披露应保证独立，董事会应将一般监督和报告披露委托给审计委员会。而审计委员会应协助董事会审查整合报告，以确保信息可靠，并且不会与报告的财务方面相抵触。审计委员会也应该以与财务事项相同的方式监督与可持续发展相关的事项。

在全球层面上，已经制定了环境管理的国际认证标准：国际标准化组织在 1996 年推出 ISO14001，这是全世界最流行的自愿型 EMS 认证标准之一。与命令型和市场型环境规制相比，ISO14001 认证体系具有以下两个特点：一是 ISO14001 认证体系更具灵活性。自愿型环境规制侧重于制定目标、战略、改善企业环境的发展指南，而不是规定实现特定目标的具体方法，这就为企业提供了很大的灵活性。与传统环境规制设定具体、强制的环境目标不同，ISO14001 认证体系标准旨在“为组织实施和改进环境管理系统以提升其环境绩效提供有效帮助”，为企业加强环境管理提供了一种规范的环境保护标准，注重帮助企业建立有效的环境管理体系。欧盟委员会在 1993 年推出生态管理和审计计划（EMAS）。企业环境信息披露也受到国家当局越来越多的审查。例如，在英国，根据《2006 年公司法》，自

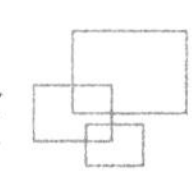

2013 年 10 月起，上市公司必须报告温室气体（GHG）排放量。

3.1.2　中国颁布的与环境保护相关的制度

随着我国环境政策规制的不断完善，各级政府所采取的环境政策从最初的行政命令控制型监管转变为环保税等市场化调控手段，近年来更是越来越重视环境信息披露在污染防治中的作用（见表 3-1）。1989 年我国颁布的《中华人民共和国环境保护法》将自愿参与环境规制纳入法律框架中，初步规定了污染和破坏环境行为的检举权和控告权，首次从法律层面上明确了环境信息公开的概念。2014 年新修订的《中华人民共和国环境保护法》（以下简称新《环保法》），进一步对公众参与环境保护做了明确的法律界定，并详细规定了公众享有获取环境信息、参与和监督环境保护的法定权利。2003 年发布《关于对申请上市的企业和申请再融资的上市企业进行环境保护核查的通知》，我国第一次明确提出了对上市企业环保问题的核查工作，并在同年颁布了《关于企业环境信息公开的公告》。2005 年颁布《关于加快推进企业环境行为评价工作的意见》以及 2008 年 5 月 1 日正式实施《环境信息公开办法（试行）》，我国的环境信息披露的法律和政策工具正不断完善。随后在 2010 年发布的《上市公司环境信息披露指南》中，规定了企业环境信息披露的内容和时间，以帮助企业建立科学的环境管理体系。但由于缺乏相关政策和法律的监督，这些政策未能达到预期效果，上市公司的环境事故发生次数仍呈逐年上升的态势。《中国可持续发展战略报告（2012）》指出积极开展环保、园林、生态城市和低碳城市建设，推动重点领域节能，中国在工业锅炉、热点联产等领域实施十大重点节能工程，开展千家企业节能行动，加强重点能耗企业节能管理，推动能源审计和能效对标活动。在制造技术领域，推广绿色设计技术、节能环保的新型加工工艺、工业产品的绿色拆解与回收再制造技术，促进工业生产过程和产品使用过程中的节能降耗。2012 年环境保护部（现为生态环境部）和国家质量监督检验检疫总局（现为国家市场监督管理总局）发布《环境空气质量标准》（GB 3095—2012）。该标准规定了环境空气功能区分类、标准分级、污染物项目、平均时间及浓度限值、监测方法、数据统计的有效性规定及实施与监督等内容，并且对不同地区实施新标准的时间进行了差别化规定。例如2012年，京津冀、长三角、珠三角等重点区域以及直辖市和省会城市实施新标准，2015年所有地级以上城市实施新标准等。此外，2015年《中共中央　国务院关于加快推进生态文明建设的意见》中强调推动技术创新和结构调整，提高发展质量和效益，强化企业技术创新主体地位，充分发挥市场对绿色产业发展方向和技术路线选择的决定性作用，大力发展节能环保产业，推广节能环保产品拉动消费需求。

表3-1　环境保护相关的重要政策名单

政策名称	时间	发文单位
《关于企业环境信息公开的公告》环发〔2003〕156号	2003年9月2日	原国家环保总局
《关于对申请上市的企业和申请再融资的上市企业进行环境保护核查的通知》环发〔2003〕101号	2003年6月16日	原国家环保总局
《能源中长期发展规划纲要（2004—2020年）》（草案）	2005年6月30日	国务院
《国务院关于加快发展循环经济的若干意见》国发〔2005〕22号	2005年7月2日	国务院
《关于加快推进企业环境行为评价工作的意见》环发〔2005〕125号	2005年11月12日	原国家环保总局
《环境信息公开办法（试行）》	2007年4月11日	原国家环保总局
《中华人民共和国节约能源法》	2007年10月28日	全国人大常委会
《上市公司环境信息披露指南》	2010年	原国家环保总局
《环境空气质量标准（2012）》	2012年2月29日	环境保护部和国家质量监督检验检疫总局①
《中华人民共和国环境保护法》	2014年4月24日	全国人大常委会
《环境保护督察方案（试行）》	2015年7月1日	中共中央办公厅、国务院办公厅
《中共中央　国务院关于加快推进生态文明建设的意见》	2015年4月25日	中共中央、国务院
《关于构建市场导向的绿色技术创新体系的指导意见》（发改环资〔2019〕689号）	2019年4月15日	国家发展和改革委员会、科技部
《中华人民共和国国民经济和社会发展第十四个五年规划和2035年远景目标纲要》	2021年3月11日	国务院
《2030年前碳达峰行动方案》国发〔2021〕23号	2021年10月24日	国务院

①现为生态环境部和国家市场监督管理总局。

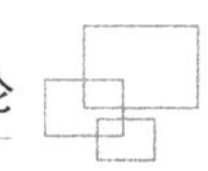

作为自然资源消耗和污染排放主体，企业是绿色治理的重要主体和关键行动者，理应承担污染治理和环境保护的主要责任，积极响应国家号召进行环境信息披露。但我国企业对于环境信息披露的概念没有得到普及，企业对环境、社会责任的实践重视不够。根据润灵环球社会责任评级数据，2018 年（即实施新《环保法》的第三年）中国上市公司环境责任的平均得分是 17.913 分，远远低于合格线（满分 45 分）。更糟糕的是，企业倾向于披露好消息而不是坏消息，更注重数量而不是质量，并且在信息披露方式上，由于国家并没有制定统一的披露标准，致使企业的环境信息披露以定性表述为主，而真正突出其环境实践活动的信息和定量数据相对较少（李哲，2018）。更重要的是随着经济的不断发展，人们对生态环境的要求也与日俱增。在面临生态环境日益恶化逐渐威胁人类生存与发展的严峻形势下，党的十八大报告果断提出“绿色发展、循环发展、低碳发展”的发展思想，就是从过去看重治理结果的环境治理手段上升为政治使命的高度，体现了我国破解当代中国可持续发展难题的决心以及在应对全球环境问题上的大国担当。同时也表明政府改变先污染后治理的策略，转向探索一条经济发展与环境保护并重的绿色发展之路。相应地，我国政府对企业提出了更高的要求，以实现其可持续发展。2015 年 1 月 1 日正式实施的《中华人民共和国环境保护法》，大大增加了“信息披露和公众参与”。该法明确要求重污染行业的上市公司披露其环境信息并接受社会监督。同时，该法也对非重污染行业的上市公司产生了特别的威慑作用。另外，伴有“史上最严”环保法之称的新《环保法》改变以“督企”为核心的环保督察制度，强化“督政”规定，对环保执法者和地方官员的违规行为追责，地方政府环境治理动机得到较大程度增强。2015 年 7 月，中央全面深化改革领导小组第十四次会议审议通过了《环境保护督察方案（试行）》，首次以党中央、国务院的名义对地方党政干部履行环境保护职责的情况进行督察。而后两年内，中央环保督察以河北为试点迅速覆盖全国，问责逾 18000 名地方干部，第二轮中央环保督察也于 2019 年启动，展现出了制度化和常态化趋势。督察主体的权威性、督察实践的高压性和制度化与常态化趋势共同体现出中央治理环境问题和推进生态文明建设的坚定决心，重塑了央地激励结构，迫使地方干部将环保目标置于行为策略的优先级考量，从而有效地提高了地方的环境执法力度。

随着公众环保意识的觉醒，企业环境表现日益受到利益相关者的关注。2021 年，我国证监会对公开发行证券的公司定期报告内容与格式进行修订，修订的主要内容包括新增环境和社会责任章节，将定期报告正文与环境保护、社会责任有关条文统一整合至新增后的环境和社会责任章节，并在定期报告中新增报告期内公司因环境问题受到行政处罚情况的披露内容，鼓励公司自愿披露在报告期内为减少其碳排放所采取的措施和效果，以及巩固拓展脱贫攻坚成果、乡村振兴等工作情况。可见，我国正在构建“以强化政府主导作用为关键，以深化企业主体作用为根本”的现代环境治理体系。

3.1.3　中国在企业绿色创新方面的政策和行动

绿色技术是降低能耗、减少污染和碳排放、改善生态的各类新兴技术，涵盖节能环保、清洁生产、清洁能源、生态保护与修复、基础设施、生态农业等领域，以及产品设计、生产、消费、回收利用各个环节。从行为主体来看，绿色技术创新体系的构成要素主要包括企业、科研机构、政府、金融机构等。企业是绿色技术创新的主体，是绿色技术创新的需求方、发起方和实施方。学校和科研机构是绿色技术创新的重要智力支持提供方，科研机构与企业的良好互动是绿色技术创新的重要支撑。政府是绿色技术创新的激励方和受益方，一方面，政府的激励政策能在很大程度上促进绿色科技企业、科研机构、金融机构参与绿色技术创新，另一方面，绿色技术创新也有利于各级政府建设生态文明和可持续发展等目标的实现。金融机构通过组织市场化的金融资源投入绿色技术创新领域，实现产、学、研、政府和金融的良性循环。

习近平总书记在党的十九大报告中指出“创新是引领发展的第一动力”。当前，我国经济进入增速换挡、结构调整的新常态，面对资源瓶颈和环境约束，引导创新向有利于资源节约、环境保护的方向发展，实现绿色创新的突破是中国经济可持续高质量发展的必然要求。党的十九大报告提出，中国要构建“市场导向的绿色技术创新体系”。2019 年 4 月，国家发展和改革委员会、科技部联合印发《关于构建市场导向的绿色技术创新

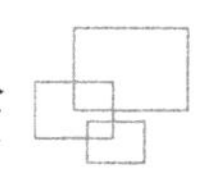

体系的指导意见》（以下简称《指导意见》），阐明了如何实现这一顶层设计，同时发布了绿色产业指导目录、绿色技术推广目录、绿色技术与装备淘汰目录，引导绿色技术创新方向，推动各行业技术装备升级，鼓励和引导社会资本投向绿色产业。《指导意见》指出，各部门应强化对重点领域绿色技术创新的支持，围绕节能环保、清洁生产、清洁能源、生态保护与修复、城乡绿色基础设施、城市绿色发展、生态农业等领域关键共性技术、前沿引领技术、现代工程技术、颠覆性技术创新，对标国际先进水平，通过国家科技计划，前瞻性、系统性、战略性布局一批研发项目，突破关键材料、仪器设备、核心工艺、工业控制装置的技术瓶颈，推动研制一批具有自主知识产权、达到国际先进水平的关键核心绿色技术，切实提升原始创新能力。这标志着“绿色技术创新”首次进入党内最高纲领性文件并转化为政府专项政策文件，进一步表明企业绿色创新已成为当前生态文明建设的要务，是助推实现“既要金山银山，又要绿水青山”的经济高质量发展的关键路径，也是中国实现“碳达峰”“碳中和”目标的重要支撑。2021 年，国务院印发《2030 年前碳达峰行动方案》，强调绿色低碳科技创新行动是“碳达峰”行动的重点任务，提出要强化企业创新主体地位，支持企业承担国家绿色低碳重大科技项目，加快绿色低碳科技革命。

根据《指导意见》，到 2022 年，我国需要基本建成市场导向的绿色技术创新体系。企业绿色技术创新主体地位得到强化，出现一批龙头骨干企业，“产学研”深入融合、协同高效；绿色技术创新引导机制更加完善，绿色技术市场繁荣，人才、资金、知识等各类要素资源向绿色技术创新领域有效集聚。在低碳和绿色政策方面，我国先后出台了《中华人民共和国节约能源法》、《能源中长期发展规划纲要（2004—2020 年）》（草案）、《国务院关于加快发展循环经济的若干意见》等法律、规定和指导意见，并积极推动低碳经济试点工作，选定广东、辽宁、湖北、陕西、云南 5 个省和天津、重庆、深圳、厦门、杭州、南昌、贵阳、保定 8 个市开展低碳试点工作，要求试点地区培育壮大节能环保、新能源等战略性新兴产业。此外，坚持不懈推动节能减排，高度重视全球气候变化，大力发展可再生能源，取得了明显成效。《中华人民共和国国民经济和社会发展第十四个五年规划和2035年远景目标纲要》又进一步提出，推动绿色发展，促进人与自然和谐共生，进一步奠定了绿色发展在中国新时代发展中的主基调，并指出要“大力发展绿色经济”“构建绿色技术创新体系”。可见，绿色创新是实现环境保护与经济发展双赢的关键。在中国经济发展转型时期，绿色发展成为推动经济可持续、高质量发展的重要动力。

另外，我国正在开展绿色技术创新“十百千”行动，预计将培育10个年产值超过500亿元的绿色技术创新龙头企业，支持100家企业创建国家绿色企业技术中心，认定1000家绿色技术创新企业。我国在低碳技术方面推动政策的目的在于降低企业创新成本、提高创新收益，包括税收抵免、示范项目投资、知识产权保护、政府采购等。同时，在绿色科技项目的不同生命周期阶段选择不同的低碳技术激励政策。为了促进经济社会发展全面转型，2020年9月22日，习近平主席在第七十五届联合国大会一般性辩论上的讲话中宣布：“中国将提高国家自主贡献力度，采取更加有力的政策和措施，二氧化碳排放力争于2030年前达到峰值，努力争取2060年前实现碳中和。”这是我国首次明确地提出碳中和目标。该目标一经提出，便成为各界热议的话题。

3.1.4 中国实施绿色治理面临的机遇与挑战

习近平总书记明确指出“我们既要绿水青山，也要金山银山。宁要绿水青山，不要金山银山，而且绿水青山就是金山银山”。中国正向世界发出“绿色治理”的铿锵之音。在新经济时代，绿色治理被期望成为协调经济发展与环境保护间矛盾和难题的有效举措。清楚地识别当前中国实施绿色治理面临的机遇和挑战，有助于政府及各方在绿色发展战略下更好地改革和完善绿色治理体系。

1. 中国实施绿色治理的机遇

进入21世纪以后，G20在全球治理中的作用逐渐增加，中国也已经成为世界第二大经济体，作为一个后发现代化的发展中大国，在推动构建人类命运共同体、参与和改善全球绿色治理体系中发挥着重要作用。

首先，中国具备实施绿色治理的政治意愿。从党的十八大首次提出“绿色发展、循环发展、低碳发展”，将生态文明纳入“五位一体”总体布局，到坚持人与自然和谐共生、构建人类命运共同体的倡议，这是新时代党在绿色发展、全球治理方面的重大理论创新。在践行绿色发展理念方面，中国积极探索绿色、低碳、循环可持续的生产生活方式，并用“两山论”的辩证思想来协调经济发展与生态环境保护的矛盾，开拓生产发展、生活富裕、生态良好的文明发展道路。这为中国实施绿色治理奠定了坚实的政治和制度基础，为改革和完善全球治理体系提供了有力保障。

其次，绿色治理顺应全球绿色发展新趋势。跨越理念与行动的巨大鸿沟，消解经济发展与环境保护的两难困境，推动绿色治理成为全球绿色发展的一种趋势和潮流。根据国际组织测算，中国是二十国集团全面增长战略的最大贡献者之一，这样的贡献为中国积极发挥G20平台作用和推广绿色治理这一共享的价值观念提供重要契机。顺应全球发展趋势中国提出的“一带一路”建设从倡议到实践、从愿景到行动，其影响力和号召力日益增强，这不仅为沿线国家和全球经济发展注入强劲动力，也为中国参与和改善全球绿色治理提供了最佳平台和广阔的“试验场”。

最后，凭借“一带一路”倡议，践行新的“天人合一”的绿色治理全球观的中国企业，可以将“丝绸之路”打造成一条“绿色之路”，推动包容性、生态型和可持续的全球经济发展，在国际规则制定中发挥应有的作用。在“一带一路”建设中倡导制定绿色治理准则和评价标准，切实践行绿色治理理念，对于提升中国企业软实力和国际竞争力亦具有重要意义。

2. 中国实施绿色治理的问题与挑战

绿色治理倡导多主体协同互动，而传统的行政型治理可能导致各治理主体地位间平等、自愿、协调、合作的关系难以达成。从我国生态环境治理的实际来看，行政型治理思维致使政府在环境治理中习惯采用行政控制和“一刀切”的方式，多元治理主体协同参与的治理还需进一步完善。另外，由于生态环境的公共池塘资源属性，这就需要各主体在没有外部强制（即自愿）的条件下解决承诺、监督问题来达成协调、合作。然而各主体资源、地位、能力等方面的差异以及职责难以清楚界定导致的利益分配不均可能造成合作目标难以实现，最终影响了绿色治理的实施。面临我国实施绿色治理的重大挑战，对以政府、企业、第三方组织为代表的多元化治理主体构成的协同治理机制和实践模式提出了亟须突破的重要问题。

首先，企业作为绿色治理的关键行动者，特别是上市公司如何能积极树立和践行绿色治理理念。根据《中国上市公司绿色治理评价研究报告（2018～2019）》，上市公司绿色治理指数平均值为55.51，整体偏低，绿色治理尚处于起步阶段。因此，在绿色治理的引导下如何建立有效的绿色治理架构和机制、规范绿色治理行为，是上市公司践行绿色治理、突破上市公司绿色治理理论的重要瓶颈。

其次，在《绿色治理准则》（2017）和上市公司绿色治理指数的基础上，监管机构如何加快推出适合我国现阶段绿色治理国情的《上市公司绿色治理准则》，为上市公司践行绿色治理提供系统参考；在绿色治理框架下，如何统筹披露治理、社会和环境信息，引导上市公司从 ESG 披露升级到绿色治理披露阶段；如何有效以绿色治理统筹金融业已有绿色金融、绿色公益等领域的监管，提高上市金融机构绿色治理水平，是监管机构当前应考虑的重要问题。

最后，随着“政社分离”的改革，如何提高社会组织发挥绿色治理作用的影响是当前需要研究和实践的重要问题。顺应绿色发展需要，如何开展独立、客观的绿色治理评价，充分发挥专业机构在绿色治理中的监督、评价、协调、教育、培训以及引导等作用，是作为第三方的社会组织和公众所面临的难题。

3.2 基础理论

3.2.1 自主治理理论

自然环境是典型的公共池塘资源，具有公共物品的非排他性及私人物品的竞用性，意味着有限的资源使用不受限制，使用收益的私人性会激发个人占有环境资源的动力，采用“搭便车”行为，结果导致其经常面临“公地悲剧”的威胁。在现实中，私人总是追求自身利益最大化，而不是

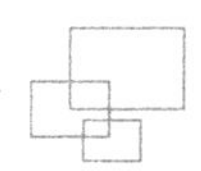

为维护资源而努力，因为维护资源获得的收益总是与其他参与者共享，形成了收益和支出的不对等，导致公共池塘资源无法实现长期续存。人们对公共池塘资源治理的探索从未停止，以往的解决方法不外乎是依靠政府干预和市场化解决方案，但并未取得预期的效果。在政府与市场都无法有效治理环境的情况下，美国学者奥斯特罗姆（Ostrom）（1990）的自主治理理论提供了生态环境治理的新方向，该理论的主要思想是“相互依赖的委托人如何组织自己进行自主治理，使每个人在面对搭便车、逃避责任或其他机会主义行为诱惑的情况下，实现持久的共同利益”。

奥斯特罗姆（Ostrom）（1990）基于新制度经济学的理论和方法，使用多个案例研究形成了独特的公共治理和自主治理理论，并在此基础上构建了一套分析公共池塘资源（Common-Pool Resources，CPR）的制度分析与发展（Institutional Analysis and Development，IAD）框架。该框架对公共池塘资源中的各单一主体所面临的各种集体行动困境展开研究，为人们提出了自主治理的制度基础，认为可以通过社会机制的自主治理模式走出公共事物治理困境，建立自主治理组织为公共事物治理提供崭新的视角，奠定生态环境自主治理的理论基础。根据奥斯特罗姆（Ostrom）（1990）的说法，政府的集中控制和完全私有化并不能解决公共池塘资源的“悲剧”问题。一方面是因为政府不可能完全掌握公共资源、公共事务的信息，从而使政府实施监督、裁决和制裁的效率较低，但是成本较高，导致生态环境——这种公共池塘资源的破坏速度远远大于治理能力；另一方面是因为生态环境作为一种公共产品所具有的非竞争性又决定了私有产权的不可行性。因此，奥斯特罗姆（Ostrom）（1990）的自主治理理论能够解决这一问题，主要表现在三个方面：一是建立多中心主体的制度安排，形成一个由多个权力中心组成的绿色治理网络；二是增加信任与承诺，与来自外部强制性的要求、监督不同，各个主体解决问题的力量来自内在的自我激励、自我监督，以保持每个主体都来遵守集体规则。在此，自主自治发挥了无可取代的作用；三是建立相互监督机制，监督机制可以让每个主体都认为必须遵守集体规则，同时又要求其他主体也必须遵守集体规则，面临生态破坏、环境污染悲剧与集体选择困境，企业、政府、社会组织作为绿色治理的多元主体也就成为自主自治组织的中心。

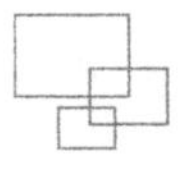

3.2.2 卡罗尔企业社会责任模型

卡罗尔（Carroll）自1979年首次提出四分法金字塔理论模型后的二十多年里，不断地修改充实他的理论（Carroll，1979；1991）。卡罗尔（Carroll，1979）认为企业社会责任是企业应该承担社会对其给予的期望之义务，既要履行社会要求其实现的经济使命，还期望企业能够遵守法律、法规，注重伦理规范，并且关注社会公益事业。卡罗尔（Carroll，1991）提出完整的企业社会责任金字塔，主要包括企业的经济责任、法律责任、伦理责任和慈善责任（见图3-1）。首先，经济责任反映了企业作为营利性经济组织的本质属性，是企业最低层次的社会责任，是实现其他更高层次社会责任的基础；其次，作为社会的一个组成部分，社会赋予并支持企业承担生产性任务、为社会提供产品和服务的权利，同时要求必须依法经营，一切活动必须在法律框架内，也就是法律责任；再次，伦理责任是指企业各项活动必须符合社会基本伦理道德规范，不能做违反社会公德的事情；最后，慈善责任是指企业作为社会的一个组成部分，需要为社会的繁荣、进步和人类生活水平的提高做出自己的贡献，完全由个人或企业自行判断

慈善责任（Philanthropic Responsibilities） 成为一个好的企业公民（Be a Good Corporate Citizen） 为社区贡献资源和提高生活质量 (Contribute Resources to the Community, Improve Quality of Life)
伦理责任（Ethical Responsibilities） 合乎伦理（Be Ethical） 有责任做正确、正义、公平的事，避免损害相关者 (Obligation to Do What is Right, Just and Fair and Avoid Harm)
法律责任（Legal Responsibilities） 遵守法律（Obey the Law） 法律是社会关于正确和错误的法规集成遵守游戏规则来开展活动 (Law is Society's Codification of Right and Wrong Play by the Rules of Game)
经济责任（Economic Responsibilities） 盈利（Be Profitable） 几乎所有活动都建立在盈利基础上 (The Foundation Upon Which All Other Rest)

图3-1 社会责任金字塔

资料来源：Carroll A B，1991. The pyramid of corporate social responsibility：toward the moral management of organizational stakeholders［J］. Business horizons，34（4）：39-48.

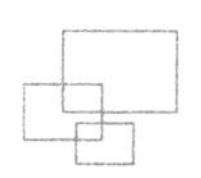

和选择，这是一类完全自愿的行为，属于最高层次的企业社会责任。总之，企业应该努力“赢利、守法、有德，并做优秀的企业公民”。Carroll 等（2010）认为，随着经济和社会发展以及企业整体经济和社会影响力的不断扩大，企业伦理责任和慈善责任在企业社会责任中的地位变得越来越重要。

3.2.3　委托代理理论

现代股份制企业的典型特征是所有权和控制权的分离（Jensen et al.，1976；Fama，1980；Fama et al.，1983）。在该类型的企业中，一方面，企业股东（即所有者），也称为委托人，为企业提供资本，并拥有剩余索取权，但是他们不会积极主动参与企业的管理和监督；另一方面，实际控制企业的管理者或经理人员（包括 CEO），他们集体地作为代理人与所有者签约，负责企业日常的决策制定和控制工作（Fama et al.，1983），并因其劳动和时间而被支付租金。由于所有权和控制权的分离机制不仅能够将公司所有者的风险有效分配给代理人，而且市场的压力能够促进管理者之间的竞争，使得这种机制按照所有者的利益运行，提升公司所有者的效益，所以这种角色分离一直被研究学者认为是经济组织的一种有效形式（Fama，1980）。

进一步来讲，企业的控制权可以被细分为两个主要方面（Fama et al.，1983）：①决策管理，这涉及企业项目的启动和实施；②决策控制，这涉及批准管理启动和监督管理，包括为经理人设定恰当的薪酬方案。默认情况下，企业所有者有权决定企业行为，但所有者经常将所有决策功能委托给董事会成员，让其按照他们的利益行事。进而，董事会将决策管理职能委托给高层管理团队，但是保留了决策控制功能。然而因为①委托人（股东）和代理人（管理者）的目标并不完全一致（Jensen et al.，1976）；②委托人和代理人的风险偏好存在差异（Arrow，1971）；③委托人没有关于代理人行为的全部监督信息，而且代理人并不总是按照委托人利益行事，进而出现了代理问题，这就给组织带来与代理问题相关的经济成本（Jensen et al.，1976）。委托代理理论认为，董事作为公司股东的代理人，发挥监督作用，以确保管理者的行为符合作为公司所有者的股东的利益（Fama et

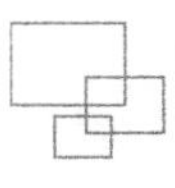

al.，1983）。警惕的董事可以减少代理成本（Hillman et al.，2003），确保战略发展和制定的适当过程。资源依赖理论强调了董事在为公司提供资源方面的作用（Pfeffer et al.，1978），如网络、知识和洞察力、建议和咨询、合法性以及公司与外部组织和各方的沟通渠道（Hillman et al.，2003）。此外，董事的专业知识和他们进入扩展网络的途径为公司提供了声誉上的好处和合法性（Daily et al.，1996），并能减少不确定性。

3.2.4 资源依赖理论

资源依赖理论（Resource Dependence Theory）属于组织理论的重要理论流派。该理论将企业对利益相关者的依赖性定义为该企业需要利益相关者所拥有资源的程度（Casciaro et al.，2005）。一个组织对另一个组织的依赖程度取决于三个决定性因素：资源对组织生存的重要性；组织内部或外部一个特定群体获得或自行裁决资源使用的程度；替代性资源来源的存在程度。如果一个组织非常需要一种专门知识，而这种知识在这个组织中又非常稀缺，并且不存在可替代的知识来源，那么这个组织将会高度依赖掌握这种知识的其他组织（Preffer et al.，1978）。根据资源依赖理论，现有的董事会文献通常将董事概念化为其所在公司的关键资源提供者（Hillman et al.，2009），即提供获取知识和网络等资源的途径对公司的成功至关重要（Pfeffer et al.，1978）。这些文献认为，董事在知识、联系和合法性方面为公司带来了关键的资源，使执行团队具有可信度和权威性，并有助于将公司与外部环境中的关键支持者联系起来。具体来说，当董事在战略决策过程中向首席执行官和其他高层管理人员提供建议时，他们会带来专业知识和不同的观点。在这个意义上，部分学者认为管理层和董事会共同参与制定公司战略，往往会产生更广泛和更长远的视角。在企业社会责任方面，董事会的角色或功能都是相关的。首先，监督管理者的决策和行动是很重要的，以检查他们的行为是否不仅符合股东的目标，也符合其他利益相关者的利益。其次，董事提供的资源，特别是基于他们对公司环境和外部利益相关者的了解，可以促进公司的企业社会责任参与，成为合法性和长期价值创造的战略来源。另外，之前的研究大多使用利益相关者理论和资源依赖理论作为解释董事会多样性和企业社会责任披露的概念框

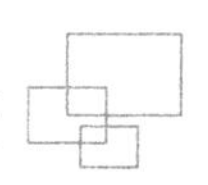

架，认为一个更加多元化的董事会更有可能代表不同的利益相关者，这应该导致更好的企业社会责任。企业社会责任可以被定义为将社会和环境问题纳入公司的运营并关注利益相关者的诉求（Carroll，1979；Cheng et al.，2014）。

3.2.5　利益相关者理论

利益相关者理论是评估企业社会责任的主流方法，它认为企业通过照顾其利益相关者的利益，以一种对社会负责的方式行事（Mcguire et al.，2003）。它强调企业高管决定企业是否回应或忽视利益相关者的利益（Donaldson，1999）。这一观点与高阶理论是一致的，该理论认为企业的战略决策，包括社会绩效政策（Chin et al.，2013），受到企业高管——特别是 CEO 的重要影响（Hambrick et al.，1984）。企业社会责任反映了企业积极响应利益相关者要求的程度（Freeman，1984）。利益相关者被定义为受公司运营影响的个人或团体，或者他们的行为会直接影响公司的运营（Freeman，1984；Jones，1995）。企业可以被看作各种资源所有者之间契约的联结，除投资者和管理层外，其他利益相关者还包括员工、债权人、供应商、政府、客户及社会公众等。各利益相关者通过向企业投入各自拥有的资源与企业建立利益关系，企业通过分配股利、支付利息、发放薪酬、缴纳税费等方式向各利益相关者给予回报，各利益相关者的需求是否被满足及满足程度应作为企业履行社会责任的衡量标准。企业是不同利益相关者实现多元化价值的重要途径，企业应为各利益相关者创造价值，积极追求经济、社会和环境的综合价值最大化，而不应单纯站在股东利益最大化的角度仅仅追求经济利益。

利益相关者理论认为高管在企业社会责任中扮演着重要的角色，因为“利益相关者理论在本质上是管理性的”，“管理者是利益相关者理论的主题”（Donaldson，1999）。对社会活动的投资有利于广泛的利益相关者，甚至是股东。研究表明，对社会负责的声誉可以促进可持续的竞争优势（Choi et al.，2009）。这正是 Freeman 等（2004）声称“利益相关者理论——作为企业社会责任的理论逻辑，是决定性地支持股东的原因”。从长远来看，从事更多有利于利益相关者的活动和更少损害利益相关者的活动是符合公司最佳利益的。

3.2.6 锚定效应的理论模型

研究学者指出，行为人在进行决策时可能会面临各种形式的不确定性：无法估计决策状态发生的概率，也可能缺乏行动与结果之间的确切因果信息，或者根本就无法估计出所有可能的状态和结果（Milliken，1987）。这可能会导致决策者在认识和判断事物时，与事实本身、标准规则间产生某种差别和偏离，而受认知能力的限制，人们往往在处理信息时常用启发式原理对不确定事件发生的可能性进行判断，从而做出决策（Simon，1956）。在此基础上，Tversky 等（1974）通过一项关于“幸运轮”的实验提出锚定效应，即人们在不确定性情境下进行判断和决策时，会受之前信息（数据或其他参数）的影响来调整对事件的估计，致使最后的估计结果偏向于初始锚定值的趋势。随后研究学者 Epley 等（2001）根据锚定值来源的差异，将其分为外在锚和内在锚。外在锚是指在判断情境中其他人（外界）提供的参考值。例如，鲸鱼的平均长度长于还是短于 69 英尺（1 英尺 =30.48 厘米）？这里的“69 英尺”就是一种外在锚。内在锚是指个体根据自己以往经验及获得的信息线索在内心自行产生的比较标准。例如，华盛顿什么时候被选为总统？由于很多人都知道美国在 1776 年独立，华盛顿的当选应该在此后不久，被试者就会把 1776 年作为一个内在锚。

在锚定效应中，Tversky 等（1974）指出决策环境的不确定性是导致锚定效应产生的一个必要的条件。人们在面对不确定性做出决策和判断结果时，更可能会有选择性地选取可以获得的信息，并采用简化的现实模型（Cyert et al.，1963），而锚定值便是这一简化的现实模型，决策者将可能以锚定值作为调整值来判断损益，所以锚定值会对决策者的最终结果产生影响（Tversky et al.，1974；Epley et al.，2001）。但是有学者（Chapman et al.，2002）指出并非所有的数字都可以产生锚定效应，至少要具有两个条件：其一是个人决策者需要充分注意“锚定值”，虽然大部分的锚定效应检验都是遵循对数值进行“先比较后估计”的程序，但是只要充分注意锚定值，即使刚开始并不对锚定值和目标值进行比较也会产生锚定效应；

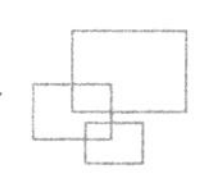

其二是锚定值和目标值需兼容，即属于同一数量等级（Chapman et al.，1994），会产生锚定效应，反之不会产生锚定效应（Strack et al.，1997）。有研究学者应用锚定效应从不同的作用机制对企业的行为决策进行了阐述，现将其综述如下。

一些研究学者主要关注锚定的不充分调整机制作用，Tversky 等（1974）认为在不确定情境下，行为人决策更倾向于将锚定值作为调整初始值，并不断地进行调整，在此过程中，行为人会先设定一个可接受的范围，一旦进入该范围便停止调整，可能导致调整不足，这更多地表现为内在锚，决策结果呈现内在锚效应（李斌等，2010；陈仕华等，2016）。例如，研究学者通过实验研究方法验证注册会计师在判断管理者重大舞弊的数量（Joyce et al.，1981）、复核业务判断出现错误率（Kinney et al.，1982）、实际的审计任务（Biggs et al.，1985）中存在明显的锚定效应。并且在此基础上，杨明增（2009）以中国审计相关人员为实验对象，发现他们运用不充分调整机制进行审计判断，使得存在以前的审计信息的情况下，注册会计师会更谨慎地评价本期控制风险，而且在较低经验水平审计人员的审计过程中，锚定效应更容易出现；还有研究学者指出投资者在对进行并购的公司进行评估时，有可能倾向于将锚定在 52 周高点上，而 52 周高点会影响投资者对估值水平的感知，因此为获得显著的收益，投资者在进行投资或并购时，有选择地将 52 周前的最高股价或者参考价格比率（过去的 252 个交易日的收盘价与最高收盘价的比例）作为锚定值（George et al.，2007）；另外，Malhotra 等（2015）基于并购交易事件，研究指出并购方在制定溢价决策时可能会受到上一次并购事件的溢价影响，并且当目标公司在国外时，由于并购方缺乏目标市场的信息，这种锚定效应会更加明显。

一些研究学者关注锚定的选择通达机制作用，Strack 等（1997）指出当行为人决策时既不知道确切的目标值，也无法简单运用类别知识进行判断时，就需要进行复杂的认知操作并形成一种选择通达心理模型。其本质是假设的一致性证实：行为人在不确定情况下进行决策判断时，首先假设锚定值可能就是目标值，然后通过确认假设而检验假设；同时，受这种心理的驱使，在决策过程中激活的大量信息，会使决策判断中的估算值偏向锚值，并且还会通过大量的研究解释该机制的合理性（Mussweiler，2002），这更多地表现为外在锚，决策结果呈现外在锚效应（Strack et al.，1997；李斌等，2010；陈仕华等，2016）。例如，许年行等（2007）以全面股改的536家公司为样本，发现在股改过程中，股改公司所确定的对价存在明显的锚定和调整行为偏差，且股改公司主要以“静态锚——首批3家试点公司对价的平均值”和“动态锚——前一批股改公司对价的平均值”作为制定对价的锚定值；周勤等（2017）通过考察互联网股权众筹平台中项目发起方融资行为，认为股权众筹平台中项目发起方在出让股权时表现出较为明显的“锚定效应”，即前一批次上线项目中发起方的控股比例的平均值显著正相关于新上线项目发起方控股比例。

还有研究学者同时关注锚定调整机制和选择通达机制，即启动双加工机制作用。由于所有的判断中的偏差并非总是产生于不充分努力的思考（effortful thinking），所以锚定效应中还可能存在两种认知加工过程：受到努力思考系统影响的加工过程和不受努力思考的系统影响。前者主要是基于内在锚的有意识和深思熟虑的调整，是结果可控的加工过程；后者主要是基于外在锚的自动化的、快速的、内隐的，其影响难以控制加工过程。也就是说在锚定效应中可能会呈现双锚效应，即内在锚效应和外在锚效应（曲琛等，2008；Kahneman，2003；李斌等，2012；陈仕华等，2016）。例如，张宇（2011）基于中国银行信贷经理人为调查对象，研究结果指出在信贷经理人对借款人的信用评价过程中，信用评估系统和先验信用观念分别作为外部锚和内部锚。另外，还有一些研究学者指出，如果决策中存在双锚效应，则内在锚效应占优，而外在锚效应会减弱或消失。例如，陈仕华等（2016）基于2004—2011年的并购事件，发现如果仅存在内在锚（外在锚），则决策中会表现出内在锚效应（外在锚效应），即并购方的历史支付溢价水平（联结企业历史支付溢价水平）与当前支付溢价水平正相关，但是与外在锚值的影响相比，企业并购溢价决策中内在锚值的影响效应更强；祝继高等（2017）基于汶川地震和雅安地震中企业捐赠行为，认为在汶川地震捐赠中存在显著的外在锚效应，即同行业其他企业的捐赠比例和金额与本企业的捐赠比例和金额显著正相关，而在雅安地震捐赠中更多表现为内在锚效应，即企业在汶川地震中捐赠比例和金额对其捐赠比例

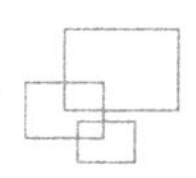

和金额显著正相关。

3.2.7 高阶理论

根据高阶理论，代表企业高管认知基础和价值观的人口统计特征（如性别、年龄、教育背景、职业路径等）及其异质性会不同程度地影响企业的经营决策（Hambrick et al.，1984），从而影响企业诸多方面的行为和决策。部分文献考察了高管年龄（Yim，2013）、性别（Srinidhi et al.，2011）对企业经营管理行为的影响。如Faccio等（2016）发现，女性高管更注重风险规避，女性CEO经营的公司负债水平更低、盈余波动性更小、生存率更大。当公司经历由男性向女性的更替时，公司的风险承担水平显著下降，并且年龄更大的高管更为保守，会对企业选择风险性高的投资项目加以限制，因而高管团队年龄越大，企业风险承担越小。部分文献考察了高管的性别、年龄等先天特质对企业环境战略的影响。如与男性相比，女性往往对环境问题更敏感，主张承担更多环境责任（Kassinis et al.，2016）。Galbreath（2019）研究指出，存在女性高管的企业，更可能进行绿色创新，并且女性高管正向调节出口强度对绿色创新的积极影响。除了高管性别这类先天特质外，高管的能力和经历等后天特质，不仅使其更具有专业知识和能力，还能塑造自身的决策行事风格（Cho et al.，2017），更能影响其认知和思维模式（Hambrick et al.，1984）。不少学者对高管的过往经历如何影响高管个人行为决策进而影响企业经营管理行为展开研究，这主要包括以下几个方面。

1. 高管背景和企业投融资行为

企业的投融资行为属于企业的重大经营管理决策，这需要更为专业的知识和经历来进行支撑（姜付秀等，2013），并且高管在某一领域的长期任职经历或教育经历会使他们在该领域具有专业的知识和选择性认知，从而能更容易有效地关注和解读该领域的信息，并做出合理决策（Hitt et al.，1991）。现有学者分别从高管不同的任职、教育经历与企业投融资行为之间的关系来展开研究。例如，有学者指出，企业与机构投资者之间的信息不对称会影响企业的融资约束（Kaplan et al.，1997），而拥有财务背景的董事会秘书，凭借自身具有的财务专业知识，深刻了解财务信息与资

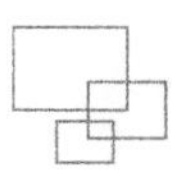

本市场的运作，所以他们能够发挥其专业优势，提高信息披露质量，能够有效地在企业与机构投资者之间传递信息，进而降低二者之间的信息不对称，缓解企业的融资约束。基于此，姜付秀等（2016）以 1999—2013 年中国上市公司为样本，指出有财务背景的董事会秘书能够通过缓解信息不对称降低投资现金流敏感性，进而降低企业的融资约束。逯东等（2012）考察了国有上市公司的最高管理层——董事长和总经理，其过去是否具有官员经历对公司经营的影响，研究发现："官员型"高管会损害公司业绩；基于组织任命约束下的政治目标和个人利益追求，"官员型"高管会把更多的资源配置在非生产性活动上，给企业带来更多的非生产性支出，产生更大的政治成本和代理成本。还有部分学者基于高管的学术背景视角认为，很大部分下海的企业家是曾任职于高校科研院所的具有学术研究经历的人，从而形成了我国经济发展中的文人下海现象（Du，1998）。受过学术训练的人，在进行决策时会更加依据专业的知识进行判断和分析，而不是简单地进行主观判断，并且在面临外部环境不确定性时，决策会更稳健和保守（Jiang et al.，2007）。同时，高管的学术经历表明高管曾在高校和科研院所任职，而高校和科研院所任职的经历往往使人具备更高的道德标准和社会责任意识（Cho et al.，2015）。如 Cho 等（2015）发现聘任在高校任职的董事，企业的社会责任表现评级会更高，由于中国传统历史的儒家文化，师者一直被尊崇为优秀的个人道德典范，如道德正直为他人服务的思想品质，是知识与思想的传播者和教书育人的象征（Ip，2009）。高管的学术经历表明高管经历过严谨的学术训练，其在逻辑和行为上更加审慎和保守，也更加依据专业知识来进行判断和分析（Francis et al.，2015）；同时，学术经历也使高管更具有自律性，从而具备更高的社会道德和社会责任的标准与意识（Cho et al.，2015）。具有学术经历的高管自律性更强，从而强化为一种更加诚信的处事风格，并逐渐形成一种内在的自我约束机制（Cho et al.，2015）。高管的学术背景与现有文献中的高管教育背景有一定的联系，但也有明显的差异。高管的教育背景（如获得硕士或博士学位）是高管个人能力的体现，而高管学术经历则是个人经历对其个人特质的塑造。高管的能力和经历对于高管决策风险的影响及其向资本市场所传递的信号具有显著的差异（Kaplan et al.，2012；Bernile et al.，

2017)。因此，周楷唐等（2017）研究了高管学术经历对企业债务融资成本的影响，结果发现，高管学术经历能够降低公司债务融资成本约6.4%，从作用机制上看，高管学术经历降低了公司的盈余管理程度，提高了会计稳健性水平；同时，高管学术经历对债务融资成本的降低效应在小事务所审计的、分析师跟踪人数较少的公司中更为突出，这表明高管学术经历通过降低企业信息风险和债务代理风险两个途径来影响债务融资成本。此外，研究还发现，高管学术经历降低企业债务融资成本的效应在贷款难、融资难问题更为突出的企业中更为明显；高管学术经历也有助于企业更容易从银行获得贷款。另外，心理学家通过实验和现场调查等方法系统研究了部队生活给人们带来的影响后，发现从军经历磨练了人们的意志，特别是经历过战争的军人，常常表现出异于常人的心理素质（Elder，1986），更能适应极端环境和意外事件（Elder et al.，1989）。与之相反，军旅生活也带给人们诸多负面影响。Malmendier 等（2011）研究发现有从军经历的管理者偏好高风险和高杠杆的融资方式，所以其在企业融资过程中变得更加激进，获取更高的贷款，降低现金持有水平，加重了融资成本（赖黎等，2016）。另外一些学者考察高管在政府任职而具有政府背景的影响作用，他们认为拥有政府背景的高管具有较高的政治资源优势，从而帮助企业从银行中获得更多的贷款（Khwaja et al.，2008；余明桂等，2008）。还有学者强调高管的海外背景的影响作用，他们认为海外背景的高管不仅拥有国外累积的专业知识和技能，还能够引进和帮助企业遵循更为严格的公司治理准则，这种特有的人力资本使其具有较强的知识积累效应和公司治理效应，所以此类高管更能够做出最优的投资决策，提高了投资效率（Giannetti et al.，2015）。代昀昊等（2017）基于2000—2009年沪深A股上市公司，研究发现高管的海外背景降低了企业过度投资行为并且提高了投资效率。

2. 高管背景和企业创新行为

企业的创新行为是由高管科学制定创新决策并正确实施创新活动的一种重大经营管理行为，同样会受到高管背景的影响（Hambrick et al.，1984）。一些研究指出，具有飞行员背景的高管往往更倾向于寻求感官刺激，挑战更高的风险，渴望追求新的体验，因此在具有飞行员背景高管的

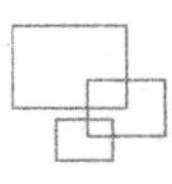

企业中，高管的决策更富有挑战性，具有较好的创新绩效、更高的创新效率、更多元化和新颖的专利，从而得出高管的飞行员背景能够促进企业创新的结论（Sunder et al.，2017）；还有研究指出，具有海外背景的高管在促进企业技术进步和发展中扮演重要角色（Luo et al.，2013），这是因为高管的海外背景不仅能够提升企业人力资本水平，帮助高管制定更有利于企业发展的决策（Filatotchev et al.，2009），还能使其比较熟悉国际前沿技术，帮助企业加强国际科技合作，实现知识有效转移，提高企业资源获取能力，产生知识溢出效应（Ellison et al.，2010），进而提高技术创新能力（Filatotchev et al.，2009）。例如，宋建波等（2017）认为海归高管大多在发达国家拥有学习经历和工作经验，具备国际化的视野、全球性的社会网络资源使其更具有风险承担意识，从而能够提高企业风险承担水平，实证检验发现高管的海外经历使其形成个人主义的价值取向，能有效地缓解企业管理层的短视行为，进而促进企业的技术创新。并且高管的海外经历会影响他们对于社会责任的认知和价值观，进而影响其所在企业的社会责任实践（文雯等，2017）。另外，由于"复合型人才"与"专业型人才"相比更加满足企业对管理者综合素质的要求，也往往会对企业投资、并购、风险承担等产生正面影响，基于此，何瑛等（2019）从职能部门、企业、行业、组织机构和地域类型五个维度构建CEO职业经历丰富度指数，发现CEO职业经历越丰富，企业风险承担水平越高，并且其跨地域和跨行业的职业经历对企业风险承担的提升作用更为显著。

另外，还有学者指出，有技术研发背景的董事具有专业知识和技术经验，提供专业的建议与监督（胡元木等，2016），促进创新战略变革（Golden et al.，2001），从而能够发挥"资源获取优势"，促进知识积累和应用，提高创新能力（谢洪明等，2007），因此胡元木（2012）基于2006—2009年上市公司样本，结果发现有技术研发背景的独立董事能够提高企业的研发产出效率。权小锋等（2019）认为，高管的工作和从军经历会对其心理和管理风格产生重要影响，表现出过度自信和风险偏好等非理性的倾向，从而影响他们的认知能力和行为选择，最终影响企业的创新决策。还有学者认为高管的学术经历会塑造高管独特的创新气质，

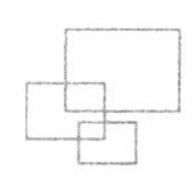

培养其创新思维以及锲而不舍、敢于失败的气魄和担当，可以保障企业创新投入的持续性，因而对企业创新活动具有促进作用（张晓亮等，2019）。

3. 高管背景和企业税收行为

由于企业的税收政策是由政府制定的，研究学者主要基于高管的政府背景来考察其对企业税收行为的影响。一方面，具有政府背景的高管拥有更多的政府人脉关系和社会资源，能够更有效地与政府沟通，具有“寻租优势”，获取税收优惠政策的认定与审批，现有研究指出高管的政府背景更可能使企业获得税收优惠（吴文锋等，2009）；另一方面，面临更激烈的竞争以及较高融资成本的民营企业具有更强的动机和能力进行税收避税行为（Cai et al.，2005），而具有政府背景的高管会利用与政府的合法性联系通过地方政府干预税务部门对其偷漏税行为的调查工作，降低企业潜在的税收规避成本。在此基础上，李维安等（2013）以2004—2008年民营企业为样本，研究结果指出，在具有政府背景高管的民营企业中，存在避税行为的可能性越大，政府压力越大，高管政府背景的避税效应越明显。

4. 高管背景和企业违规与盈余管理行为

研究学者开始关注高管背景与公司治理之间的关系效应，例如，有学者认为具有军人背景的高管更加具有荣誉感、道德感和团队意识，使得经营决策更加谨慎保守，并以1992—2006年美国最大的800家公司为样本，研究结果指出在具有军人背景的高管所在的企业中出现违规行为的可能性比较低（Benmelech et al.，2015）；还有学者指出，具有技术背景的独立董事的技术优势和独立性能够有效监督和识别管理层的机会主义行为，抑制其操纵研发费用和提高盈余信息质量（胡元木等，2016），并且具有审计背景的董事可能凭借复杂会计业务、交易的经验以及行业专长优势，可以实施有效监督治理效应，抑制公司的应计和真实盈余操纵行为（刘继红等，2014）。

5. 高管背景和企业社会责任

积极与不同的利益相关者接触并为其利益而行动的企业是负责任的，并固定在连续体的一端，而迎合有权力的利益相关者采取选择性行动的企

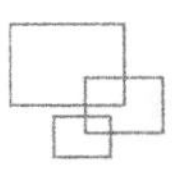

业是不负责任的，并占据另一端（Greenwood，2007）。大多数企业都同时从事企业社会责任和企业社会责任缺失行为。Fu 等（2020）基于高阶理论和企业注意力基础观，考察可持续发展官如何影响企业社会绩效，发现可持续发展官等有助于将管理者的注意力引导到企业的社会领域，从而增加企业社会责任活动，减少企业不负社会责任的活动，但管理者的注意力更倾向于负面问题，而不是正面问题。但也有学者认为企业雇用可持续发展官只是为了满足客户、投资者和分析师的期望，真正的目标是提升公众形象和财务业绩，而不是大幅改善企业的社会绩效。王士红（2016）发现高管团队女性比例对企业社会责任披露有显著正向影响，而高管团队平均任职年限对企业社会责任披露有显著负面影响，高管团队的年龄、教育水平对企业社会责任影响不显著。此外，具有海归经历的高管更可能借鉴海外先进的治理模式，促使企业履行社会责任（文雯等，2017）；蒋尧明等（2019）发现高管海外背景与企业社会责任信息披露正相关，并且海外工作背景对企业社会责任信息披露质量的提升作用强于高管海外学习背景。还有学者基于“利他性动机”，发现出生于贫困地区或经历过“大饥荒”的 CEO 所在的企业慈善捐赠水平更高（许年行等，2016），以及基于“私利动机”，认为承担社会责任是管理者利用企业资源来提升个人社会形象和地位的工具（Chin et al.，2013）。

3.2.8 注意力基础观

注意力的概念最初源于心理学领域。在管理学及组织学领域，西蒙（Simon，1956）作为最早研究注意力问题的学者，将“注意力”定义为管理者选择性地关注某些信息而忽略其他部分的过程。正因为人们有限的信息处理能力与复杂的情境结构使得注意力成为一种稀缺资源。西蒙认为，决策者基于注意力稀缺性做出选择的过程正是注意力分配与转移的过程，但西蒙在此只强调组织决策者对于计划实施的影响作用。随后，奥卡西奥（Ocasio，1997）基于组织管理角度提出了注意力基础观，正式开创管理学中注意力的研究。注意力基础观（Attention-Based View，ABV）通常认为组织行为是企业引导和分配其决策者的注意力的结果（Ocasio，2011）。该理论诠释了个体、社会认知和组织层面的注意力如何交互以塑造企业行

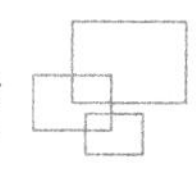

为，从而为理解企业认知、组织结构和战略制定提供新的整合视角（Ocasio，1997）。注意力基础观是将注意力分配看作决策者将时间和精力分配于信息的关注、编码、解释等内容，并聚焦于组织议题及其解决方案的过程（Ocasio，1997）。注意力的有限性和多重目标的竞争性使得管理者对于组织某一目标注意力的增加势必造成对其他目标的相对忽视，最终反馈在组织绩效上。因此，考虑到有限的注意力资源，决策者只能关注有限的问题，从而恰当地分配注意力，才能发挥其最大效用，即注意力基础观非常重视注意力资源的稀缺性。注意力分配遵循的三个基本原则如下：首先，囿于注意力能力和企业资源的稀缺性，决策者倾向于缩小他们对那些更具价值或合法性的问题的关注范围（Haas et al.，2015）。其次，企业通过其相应载体的视角来评估问题的重要性，该载体指的是一个单位或组织结构，将企业的注意力与选择性刺激或反应联系起来（Ocasio，2011）。最后，企业所处的环境会影响特定问题与企业的相关性，进而影响企业对该问题的关注度（Ocasio，1997；Ocasio，2011）。注意力基础观进一步认为，企业决策结果，不仅取决于决策者个人特征，也受其注意力等认知因素的影响（Ocasio，1997）。而高阶理论认为公司的决策在很大程度上反映了高管对环境的理解以及他们对环境的关注程度（Hambrick et al.，1984）。高阶理论对管理者注意力的重视与注意力基础观的核心前提密切相关。因此，将高管团队成员注意力等心理认知因素融入到企业战略决策中，解释企业如何配置和管理高管团队的注意力有助于解释企业行为（Hambrick et al.，1984；Ocasio，1997）。

3.2.9　制度理论

制度逻辑是社会中形成不同部门规范、价值观、假设和实践的主要原则（Thornton et al.，2012），是一种能够塑造行为主体认知和行为的文化信念和规则。制度逻辑源于独特且相对持久的制度秩序（国家、家庭、市场、宗教），这些秩序被编织成使它们永存的稳定实践，但它们也塑造了“在各自秩序之外”的规范、价值观和行动（Ocasio et al.，2020）。制度理论预测了社会刺激如何塑造组织行为（Meyer et al.，1977；DiMaggio et al.，1983；Scott，1995）。根据这一观点，当公司采取遵守制度规定的战略时，他们的公司价值与社会价值一致（Meyer et al.，1977），所以，他们获得外部认可或合法性（Scott，1995）。因此，合法性指的是广大公众或各种利益相关者在多大程度上认为一个组织的行动是适当和有用的（Scott，1995）。当利益相关者，也就是影响公司或受公司影响的行为者（Freeman，1984），认可和支持组织行动时，公司就会获得合法性。有了合法性，企业可以更有效地竞争，因为它可以获得更好的资源，可以吸引更好的员工，并享有与合作伙伴更好的交换条件（Pfeffer et al.，1978）。因此，获得合法性是组织的战略关注点。制度理论的核心在于解释组织场域内的制度同形和制度规范的建立。Meyer 等（1977）认为大多数正式组织结构是理性化的制度规则的反应。制度规则使得组织融合于环境，获得合法性、资源以及稳定性，增加了组织的生存能力。新制度理论利用"制度同构"分析组织的同质性过程，强调组织面临服从共享组织形式和行为的压力，为获得组织生产必需的特定资源必须服从这些规则和规定，否则将导致合法性丧失。DiMaggio 等（1983）将这一趋同机制分为规制同构、规范同构和模仿同构。规制同构是指政府因对环保问题的重视将环保作为企业合法性和声誉的重要评价指标，对焦点企业形成规制合法性压力。这些压力是指有权对组织合法性进行判定的权力机构对其施加的各种正式或非正式的规制压力，可分为强制型、激励型和扶持型三类，并且不同类型的规制对企业绿色环保实践的影响存在差异（Zeng et al.，2011）。Carter 等（1998）发现政府颁布的环保标准是影响企业绿色创新最重要的外部压力，害怕遭受警示、监督或处罚等强制型规制是企业采取环境行为的主要动力。规范同构是利用客户、供应商与行业内组织的环保导向对企业产生的规范合法性压力。这些压力可以激励组织实施绿色环保实践以获得社会合法性认可。模仿同构是指竞争者因非常重视环保问题而与焦点企业形成合法性和资源竞赛，进而对焦点企业产生的模仿压力。这类压力来源于企业对所在社会网络内的组织或竞争者行为的感知（Galaskiewicz et al.，1989）。社会网络中的组织和个人具有嵌入性特征及模仿其他网络成员的倾向（Henisz et al.，2001），当环境存在不确定因素时，组织会将竞争者的成就归因于其战略选择，并采取与其趋同的行为（徐建中等，2017）。

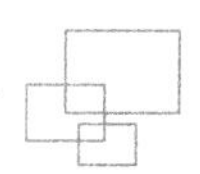

3.2.10 组织学习理论

解释组织间关系的组织学习理论视角强调的是通过组织间学习和组织间知识的转移来实现创新。企业界与学术界认为“组织学习”和“知识能力”是企业获得持续竞争优势的关键因素（March，1991），通过知识的沟通与整合，组织得以学习和创新。组织学习理论认为，当企业付诸更多精力在处理新的外部信息时，其将学习到更多的新知识。Teece 等（1997）将“组织学习”和“知识能力”视为一种动态能力，组织持续学习、调整、适应与提升知识能力是获得竞争优势的关键。从研究路径看，建构组织间关系网络的组织学习是按照“组织学习—吸收潜力—知识获取—创新应用”的思路来进行的。用于解释组织间关系的组织学习理论有三个流派。

（1）社会系统理论的适应环境学派。该学派以马奇（March，1991）为代表，认为组织学习的目的在于使组织适应外部环境的变化，从而提升竞争力与绩效。Cyert 等（1963）认为，组织学习就是组织适应环境的行为，就像个体的学习历程，组织每经历一段特定时间，对环境刺激自然会采取某种适应性行为。March（1999）认为，组织采取行动以后，环境将会有所响应或反馈，那么，组织可以进行经验学习，成功或印象深刻的经验也能够促使学习。经验学习是适应环境学派组织学习的一个重要概念，“干中学”（learning by doing）能改善组织现有活动能力。适应环境学派强调人的有限理性，组织学习就是为了适应环境，并可以通过模仿他人来实现组织学习的目的。

（2）组织行为理论的错误修正学派。该学派以阿吉里斯（Argyris，1957）为代表，认为组织只有通过改变个体的推理方式和组织共有的思考过程，才能实现持续变化，从防御性价值观改变为开放式价值观，促进对错误的修正。Argyris 等（1978）认为，当组织行动的效果和期望产生误差时，对这种误差进行修正的集体探究过程，即为组织学习。错误修正学派强调组织学习更正错误这个维度，认为通过组织间关系来实现组织学习的目的，是一个发现错误与更正错误的过程。

（3）知识管理理论的知识创造。该学派以野中郁次郎和竹内广隆

（Nonaka，Takeuchi，1995）、列昂纳德-巴顿（Leonard-Barton，1995）为代表，认为组织学习就是进行知识创造。Nonaka 和 Takeuchi（1995）、Leonard-Barton（1995）主要介绍了许多日本公司和美国公司，如惠普、摩托罗拉和丰田等，如何通过有效建立和管理组织间关系以及利用组织间关系成员的知识进行知识创造以获取竞争优势。这些建立、管理和利用组织间知识的能力被描述为“核心竞争力”“无形资产”和“知识资本”或“智力资本”，这些能力对提升组织绩效具有重大意义。

Chapter4

第4章

企业参与绿色治理的锚定效应及其绩效研究①

频繁曝光的恶性环境污染事件不仅造成了公私财产的重大损失和人员伤亡，也使自然生态遭到了不可逆转的破坏。人们的意愿和政府政策战略对环境问题的重视，以及企业无限制排放污染物的行为，激起了社会关于企业承担绿色责任的讨论，人们对“中国企业公民”的认识和期待也达到了空前的程度。卡罗尔（Carroll）（1991）提出了社会责任金字塔模型，将企业社会责任看作一个结构成分，并将其由低到高分为经济责任、法律责任、道德责任与慈善责任四个层次。其中，经济责任强调盈利，是企业最基本也是最重要的社会责任；法律责任强调守法，要求企业在法律框架内实现经济目标；道德责任强调企业行为符合道德，即企业有责任做正确、正义、公平的事，避免损害利益相关者的利益；慈善责任强调成为一个好的企业公民，给社会捐赠资源、改善生活质量等。企业社会责任的基础理论从资源依赖上升到利益相关者理论后，人们开始越发关注受企业经营影响的其他相关者的利益。而生态环境作为公共池塘资源，具有较强的外部性，涉及几乎所有社会和经济活动的参与者，并且生态环境容量和资源承载力是有限的，无法永久满足人类因欲望而形成的生产力，这就需要适应自然的拟人化诉求，从平等地对待人类与自然来实现包容性发展的角度考虑企业的生存及长远发展问题。因此，新时代经济社会绿色治理理念

① 本章核心部分已发表于《中南财经政法大学学报》2023 年第 1 期。

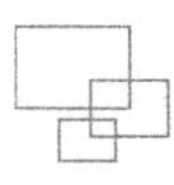

要求企业履行绿色责任——兼容经济责任和社会责任的最新表现。绿色责任将全面协调可持续发展放在重要的位置上，是包括自然在内的利益相关者希望企业积极履行的，是“中国企业公民”的重要标志（刘卫华，2008）。朱丽娜等（2020）基于2010—2016年中国上市公司样本，研究结果指出承担绿色责任的企业未来具有较高的企业价值，与国有企业相比，民营企业更多地履行绿色责任对企业价值的提升作用更明显，并且媒体报道使得企业的绿色责任得到更多的认可，从而强化了绿色责任与企业价值之间的正向关系。此外，基于2010—2019年能源上市企业样本，赵敏等（2021）发现能源企业承担绿色责任对全要素生产率具有先促进后抑制的呈倒U形关系，但企业绿色责任行为模式能够有效提升全要素生产率；并且相较于约束型行为模式，积极的企业绿色责任行为模式对于全要素生产率调节作用更强。

企业参与绿色治理意味着企业需要抽取部分资源用于环境治理、绿色管理等绿色行为，以及将剩余资源用于自身来获得经济效益与环境效益的可持续发展，使得这一活动不仅具有外部性，而且其决策动机具有复杂性。目前有关企业参与绿色治理的影响后果的研究，主流观点之一便是“长期利润驱动”，认为企业参与绿色治理虽然不能带来短期利润，但却有助于提升企业的长期价值（李维安等，2019；姜广省等，2021）。但也存在竞争性假说，传统观点基于“高管的理性人”假设认为，企业进行绿色管理等绿色行为是环境规制强加给企业的额外成本；而波特假说认为企业参与绿色治理能够实现成本和收益的“双赢”。关于企业参与绿色治理影响因素的研究大多以“高管是完全理性或有限理性”的假设为前提，但事实上大量研究表明企业投融资决策中高管的非理性特征决定了其在不同时点做出可能存在矛盾的决策。基于此，本部分尝试运用行为心理学的锚定效应分析框架，从内在锚和外在锚的视角来重点探究在企业参与绿色治理决策过程中的非理性行为，及其对可持续绩效的影响作用。

4.1 企业参与绿色治理的锚定效应的理论基础与研究假设

绿色治理遵循“多方协同”的原则，企业在参与绿色治理过程中除了

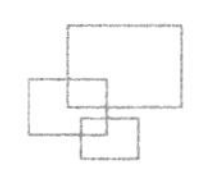

保证自身发展之外，还应承担与自身能力相匹配的环境社会责任，对政府、社会组织和公众等治理主体的环境诉求进行回应，从而有助于实现可持续发展。此外，由于环境问题不再局限于生态环境问题，而是包括与生态环境有关的社会和经济问题，涉及典型的外部性特征，导致企业不情愿参与绿色治理。随着环境污染事件的频发，要求我国环保部门法治生威的呼声逐渐高涨。面对宏观环境政策的不确定性，有些企业被动应对，有些企业主动求变。高管对参与绿色治理的绩效预测行为也是一项充满高度不确定性且极度复杂的活动，这容易使得决策者在不确定情境下，限于自身能力而对决策结果缺乏明确的预期和把握，可能会使用启发式心理模型来缓解认知压力，形成认知偏差，出现非理性人的特征（Tversky et al.，1974）。因此，高管在预测过程中很可能会使用锚值来简化认知任务，将复杂的参与绿色治理过程转化为简单易行的操作。现有学者根据锚定值来源将其分为外在锚和内在锚（Epley et al.，2001）。其中，前者是情境中其他决策者直接提供的参照点，后者是个体依据自己以往决策经验及获得的历史决策信息在内心产生的比较标准。两种锚启动范式的差异形成了不同的锚定效应。外在锚效应是由于锚定信息的语义启动及信息通达导致的，而内在锚效应是由于个体把锚定值作为调整的一个起始点，进行不充分的调整导致的，由此推断出锚定效应具有基于选择通达机制的外在锚效应与基于调整机制的内在锚效应（Tversky et al.，1974）。当然，企业决策中还可能同时存在外在锚效应和内在锚效应。因此，文章从三个方面探讨企业参与绿色治理的锚定效应。

企业参与绿色治理的内在锚效应。企业参与绿色治理的过程中充斥着较高的不确定性，这种不确定性是产生内、外在锚效应的必要条件。企业之前参与绿色治理的经验可能会限制高管当前的理性推理，而成为企业决策的首要参照点，使得决策结果呈现内在锚效应。具体如下。

第一，企业参与绿色治理过程的不确定性主要来源于以下两个方面。一方面，企业参与绿色治理不仅具有外部性，而且产生的效益面临较高的不确定性与长期性，较难与当前业绩进行有效匹配，并且企业参与绿色治理也难以有定量标准；另一方面，地方政府环境规制水平虽然整体日益严格，但存在明显的区域差异性，使得所处地域环境以及自身发展条件各异

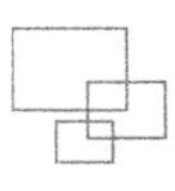

的企业的决策环境面临较大的不确定性。第二，研究学者指出过去结构化思维可能会限制当前的理性推理，从而依据过去决策结果的启发式方法可能对当前的行为产生影响（Zajac et al.，1991），并且 Gavetti 等（2005）也指出在面临未曾经历过的机会或困境时，行为人更可能会回想自身经历或听说过的相似情境，并依靠这些经验来处理当前情境下的问题，从而产生锚定效应。例如，Maitland 等（2015）从并购战略视角指出决策者应对战略性问题的经验越多，形成更高级启示的可能性越大，这就可能会发挥内在锚的不充分调整机制作用。企业参与绿色治理过程中充斥着较高的不确定性，过往参与绿色治理的相似经验很可能会限制高管当前的理性经济推理，而倾向于将过往相似经验——这一锚值作为当前决策调整的参照点，不断进行调整，导致出现决策结果接近于最初锚值的现象，但由于缺乏足够的认知资源可能难以进行充分的调整，从而表现出内在锚效应，也就是说，企业之前参与绿色治理的经验可能会对当前参与绿色治理产生影响。具体而言，本章将内在锚定义为企业首次参与绿色治理时的绿色支出水平，当企业再次参与绿色治理时，会根据之前的绿色支出水平（内在锚值）来调整当前的绿色支出水平，从而使得当前绿色治理水平越来越接近于内在锚值，也即企业之前绿色支出越高，当前调整的绿色支出也越高。基于以上分析，本章提出假设 1。

假设 1：企业参与绿色治理存在内在锚效应，即如果焦点企业之前绿色支出较高，则当前绿色支出也较高。

企业参与绿色治理的外在锚效应。企业参与绿色治理缺少企业过往绿色治理经验的内在锚时，可能存在将高管联结的其他企业之前的绿色支出这一外在锚作为企业重要的决策依据，使得决策结果呈现外在锚效应。具体原因如下：

首先，企业间高管联结关系能够使焦点企业对联结企业的绿色支出情况充分关注与了解，从而满足外在锚的选择通达机制发挥作用的前提条件。企业生产经营活动对环境的影响作为当今时代最紧迫的问题之一，旨在改善企业可持续性活动的战略举措，其成功很大程度上取决于企业高管如何将面临的制度压力内部化（Homroy et al.，2019）。企业参与绿色治理过程中充斥着较高的不确定性，使得资源和信息的提供和获取尤为重要。

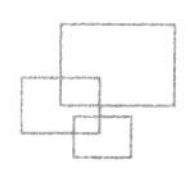

高管联结是指高管同时在两家及以上不同企业任职而在这些企业之间形成的联结关系（陈仕华等，2013）。通过在不同企业担任高管职务，不仅可以使高管直接接触到联结企业的环境战略或投资机会，也可以交换与环境问题相关的信息。例如，Ortiz-de-Mandojana 等（2012）表明具有多个公司董事职位的高管有利于企业采用积极的环境战略，并且 De Villiers 等（2011）也发现拥有在多个董事会任职的 CEO 和更多法律专家的公司具有更好的环境绩效。因此，相比于媒体、报纸杂志等信息获取途径，高管联结可以更为直接地促进跨组织边界的环境战略信息交流，并为企业提供更好的资源获取路径。

其次，通过联结关系，高管可以直接参与联结企业的环境战略决策，进而有助于焦点企业高管对联结企业绿色治理行为形成“合法性”认同，因为可以观察到、模仿成本高的绿色治理行为可以确保环境的合法性，这在一定程度上也倾向于证实外在锚的一致性。由于高管联结有助于某项观点或实践在相互联结的企业间传播，所以可能会使得焦点企业与联结企业在绿色支出方面表现出同质性。

最后，企业绿色支出通常是以货币价值来衡量的，那么所有联结企业中首次参与绿色治理的绿色支出是相容的。此外，受到我国传统儒家文化“中庸”思想的影响，在参与绿色治理的成本和绩效不确定的条件下，如果存在高管联结的其他企业之前绿色支出较高，那么，基于选择通达机制，高管实施与其相近的绿色支出也更容易得到董事会的认可，最终产生较高的绿色支出。综上所述，联结企业之前的绿色支出可以作为外在锚，并对焦点企业当前绿色支出产生影响，从而呈现外在锚效应。基于以上分析，本章提出假设 2。

假设 2：企业参与绿色治理存在外在锚效应，即如果联结企业之前绿色支出较高，则焦点企业当前绿色支出也会较高。

企业参与绿色治理的双锚效应。由于不是所有判断中的错误和偏差都产生于不充分的努力思考，所以锚定效应中还可能同时存在两种认知加工过程：受到努力思考和不受努力思考系统影响的加工过程。前者主要是基于内在锚的有意识和深思熟虑的推理和调整，属于结果可控的加工过程；后者主要是基于外在锚的自动化的、快速的、内隐的直觉，属于影响难以控制的加工过程。也就是说在锚定效应中可能会呈现同时存在内、外在锚效应的双锚效应（Epley et al.，2001）。并且外在锚效应只有当内在锚不存在时才会发生，当内在锚存在时，外在锚效应减弱甚至消失；而内在锚效应的发生则不会因外在锚的高低与发生与否受到影响，也在一定程度上证明了内在锚的调整机制比外在锚的选择通达机制更具优势（Epley et al.，2001）。具体到企业参与绿色治理也是如此。

首先，当企业参与绿色治理过程中同时存在外在锚（联结企业之前绿色支出）和内在锚（焦点企业之前绿色支出）时，具有推理效果的内在锚要比具有直觉效果的外在锚占优。由于联结企业的绿色治理情况属于个体外部世界，受到外界环境制约可能会带来较高的不确定性，而对于之前参与过绿色治理的内在锚源于个体的内部，更符合自身的现状，不确定程度较低，具有较高的可信度（李斌等，2012）。其次，绿色支出较多的企业更能获得绿色投资者的认可，更可能具有较高的合法性（姜广省等，2021）。而企业参与绿色治理是一种可持续投资活动，相对于盲目跟从联结企业的绿色支出，首次绿色支出较多的企业可能出于吸引或保持绿色投资者的有限注意力，或是避免被市场误判而登上环保“黑名单”等原因，更可能会在综合考虑自身情况之后，基于前期经验进行上下调整以表达自己的环境立场。毕竟企业参与绿色治理不仅需要有动机，还要有足够的资源作支撑（Homroy et al.，2019）。最后，之前参与绿色治理的经验，可以为决策者提供与当前问题相匹配的过去解决方案存储库和相应思维方式，从而增加企业内在锚的确定性程度。由于高管具有重复熟悉动作的行为倾向，更可能以熟悉的方式分类和考虑问题，即高管对与其经验相匹配的决策有更大的偏好，并暗示将受到之前经验的影响（Hambrick et al.，1984）。所以，参与过绿色治理的企业高管积累了更多相关治理经验，能够自信地估计这些行动（比如采用绿色产品或绿色技术）带来的好处，在一定程度上能够降低预期收益的风险性，这使得源于企业自身的内在锚的确定性程度增高，并增加了企业对内部决策的自信程度，不再容易受到外在锚的影响，从而使外在锚效应逐渐减弱，内在锚的效应得以增强。基于以上分析，本章提出假设3。

假设3：当内在锚和外在锚同时存在时，内在锚占优，外在锚不显著，

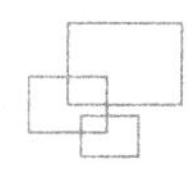

即与联结企业绿色支出的影响程度相比，焦点企业之前的绿色支出对当前的绿色支出的正向影响程度更大。

企业对所拥有资源的依赖性可能决定了企业对制度压力的反应，这也是企业参与绿色治理必须考虑的刚性因素。一方面，本文使用绿色支出（以货币价值度量）衡量的企业参与绿色治理的锚值与目标值兼容，即二者同属一个数量级，而可行区间的制定和接受点的选择很大程度上取决于企业自身的现金能力水平，如果企业现金资源较少，难以充分保证企业参与绿色治理的资本支出，则较难根据之前的经验或从外部获得的信息做出调整，即有限的现金能力会严重限制企业参照锚值的能力。另一方面，企业参与绿色治理虽然有助于创造共享价值（Fernández-Gámez et al.，2020），但通常被视为一项长期投资，在企业现金资源较少的情况下，企业分配给绿色治理活动的资源越多，可用于改善其核心业务的资源将越少，参与绿色治理可能对企业的市场价值产生负面影响（Lu et al.，2021），甚至成为企业的沉重负担。综上所述，现金持有水平较低的企业在参与绿色治理过程中，高管因面临较高的决策成本会更加谨慎和努力，表现出较低的锚定效应，而现金能力较强的企业，高管更可能表现出较强的锚定效应。基于以上分析，本章提出假设4。

假设4：与现金能力较低的企业相比，现金能力较高的企业在参与绿色治理过程中存在更强的锚定效应。

企业参与绿色治理的锚定效应可能会受到产权性质的影响。第一，国有企业具有更好的外部环境和发展优势，尤其是在资源总量一定、发展空间和条件受限的情况下，国有企业获得了更多的经济资源和政策优惠（孔东民等，2013），这本身增强了企业参照内、外在锚值的能力。第二，基于锚定调整机制，决策过程复杂性会加重调整不足，从而增加企业参与绿色治理的内在锚效应。与非国有企业的追求利润最大化的内在性目标不同，国有企业具有社会、经济、政治等多重目标，而这些目标之间往往又是难以兼顾的，甚至可能存在较大的冲突。例如，政府官员在晋升锦标赛下为追求经济增长可能选择性地执行环境政策（黎文靖等，2016）。具有“经理人”和“官员”双重身份的国有企业高管面临多目标考核，多重目标之间的相互作用和矛盾，会增加决策过程的复杂度和信息的处理难度，决策者调整到正确答案就更难，更容易出现调整不足。第三，基于选择通达机制，行为人在不确定性情境下进行决策判断，经常会先假定外在锚是正确的，然后去积极寻找支持该假设的证据，而企业间的高管联结为焦点企业高管提供了企业参与绿色治理的具体信息和环境合法性示例。所以，国有企业高管更可能参照联结企业的锚值做出决定，这不仅可以减少决策压力，也可以达到“但求无过”的中庸思想，从而表现出较高的外在锚效应。第四，随着近年来环境监管对地方政府环境治理责任的强化，相比于国有企业，非国有企业在资源获取、市场准入等方面存在较大的劣势，企业参与绿色治理成为非国有企业拉近与地方政府距离的一种政治战略，可以为二者的资源和信息交换提供通道以获得政治合法性，从而更能从中受益（朱丽娜等，2020）。另外，国有企业与政府的天然联系，使得地方政府在社会责任监督和执行中缺位，地方政府很可能对国有企业的环境违规行为呈现一种“庇护效应”（罗喜英等，2019）。而环境处罚和环境声誉损失可能会加重非国有企业的融资困境。所以，相比于国有企业，非国有企业高管面临参与绿色治理的重要性以及决策后果的严重性，具有更高的决策成本，从而会更加谨慎与努力，表现出较低的锚定效应。基于以上分析，本章提出假设5。

假设5：与非国有企业相比，国有企业在参与绿色治理过程中存在更强的锚定效应。

企业参与绿色治理的锚定效应可能受到是否属于重污染企业的影响。一方面，环境污染对经济社会发展的负面影响逐渐显现，包括煤炭、化工、冶金等在内的重污染企业往往面临着社会公众对其履行环境责任的严重质疑，这些行业企业本身受到更严格的审查，从而面临更大的社会压力（Hudson，2008）。一旦失责，企业更会成为众矢之的，例如，曾经屡上环保“黑名单”的“两桶油”在履行环境责任上并未起到表率作用，引发了社会公众对企业社会责任报告真实性和客观性的质疑。并且，重污染企业更容易受到媒体负面报道和较差社会评价，使得这类企业对自己的社会形象更加敏感（Vergne，2012）。另一方面，部分地区建设项目和企业环境违法行为较为突出，对于污染较重的企业来说，包括环境问题引发的直接风险、间接违约风险和声誉风险等环境风险更为严峻。从风险管理的角度来

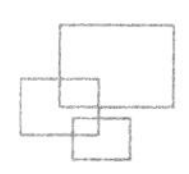

看，通过企业参与绿色治理进行有效的利益相关者管理，能够促进更好的风险管理实践，降低事前的风险发生概率和事后的损失严重程度（Lu 等，2021）。对于处于高环境风险下的重污染企业来说，投资者可能会将企业参与绿色治理视为一种有价值的风险缓解策略，作为"损失控制"或减少预期损失的手段，从缓解环境风险中获益。对于处于低环境风险下的非重污染企业来说，其本身具有较低的风险成本，企业参与绿色治理可能被投资者认为没有什么好处，作为风险缓解机制的边际收益较小，可能对公司的市场价值造成损失，从而面临较高的决策成本。所以，相比非重污染企业，重污染企业面临更大的社会压力和环境风险，这使得高管决策环境的复杂性升高、决策成本降低，从而增强了企业参与绿色治理的锚定效应。基于以上分析，本章提出假设 6。

假设 6：与非重污染企业相比，重污染企业在参与绿色治理过程中存在更强的锚定效应。

4.2　企业参与绿色治理的锚定效应的研究设计

4.2.1　样本选择和数据来源

中国企业从 2006 年才开始详细披露社会责任报告并日趋成熟，为本章的研究提供了可靠的数据来源，同时考虑到 2020 年《关于构建现代环境治理体系的指导意见》可能会对企业参与绿色治理产生影响，因此，本章选取 2006—2019 年沪深 A 股上市公司作为初始样本，为避免金融行业以及 ST 等公司的财务异常的影响，剔除了金融类公司和 ST 等公司。为了消除异常值的影响，对主要连续变量进行了 1% 水平的缩尾（winsorize）处理。

根据前文研究理论，不同的锚定值导致锚定效应存在差异：仅存在内在锚而不存在外在锚，可能会产生内在锚效应；仅存在外在锚而不存在内在锚，可能会发生外在锚效应；既存在内在锚又存在外在锚，可能会发生双锚效应。在锚定效应中，内在锚是行为主体根据过去相似决策信息在内心产生的比较标准，据此本章将焦点企业过去的绿色治理实践作为内在锚。在实际测量中，将内在锚测量为焦点企业第一次参与绿色治理的绿色

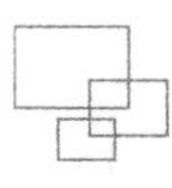

支出，考察内在锚对当前绿色治理（第二次参与绿色治理）是否存在影响。之所以仅选择第一次参与绿色治理行为，而没有选择随后的多次绿色治理行为，主要是因为现有研究发现企业高管具有重复熟悉动作的行为倾向，并以熟悉方式分类和考虑问题的认知倾向，从而在企业连续多次重复行为决策中具有一定的学习效应。外在锚是指其他行为主体在相似情境下直接提供的参照点，据此，本章将存在高管联结企业的绿色支出作为本章研究的外在锚。根据内在锚和外在锚的界定，本章参照陈仕华等（2016）的做法，在所选样本的基础上进一步构造三组样本探究企业参与绿色治理的锚定效应：第一组是内在锚样本，样本中仅存在内在锚，不存在外在锚，具体处理如下：①对于参与绿色治理实践的企业，剔除仅参与一次或者超过三次的样本；②剔除存在联结企业且联结企业存在参与绿色治理实践的样本；③剔除焦点企业第一次参与绿色治理实践的样本，从而获取内在锚的研究样本。第二组是外在锚样本，样本中仅存在外在锚，不存在内在锚，具体处理如下：①选择参与绿色治理实践的企业，保留到第一次参与绿色治理的样本，剔除发生以后时间的样本，例如 A 企业 2010 年实施绿色支出，则将 2011 年及以后的 A 企业样本剔除；②剔除参与绿色治理的焦点企业不存在联结企业或者联结企业在焦点企业参与绿色治理实践之前也未参与的样本；③最终保留焦点企业仅第一次参与绿色治理实践的样本，从而获取仅存在外在锚的研究样本。第三组中存在外在锚和内在锚，具体处理如下：①同内在锚第一步处理过程；②保留焦点企业前两次参与绿色治理实践时不存在联结企业或者联结企业存在参与绿色治理实践的样本；③剔除焦点企业第一次参与绿色治理实践的样本，从而获取双锚的研究样本。

高管联结数据来源：首先，从 CSMAR 数据库下载高管个人材料数据，对于缺失或漏洞数据，从新浪网进行补充，因为新浪网提供了详细的董事、管理层等个人资料信息，这将更有益于进一步识别联结名单中同名成员是否“真正”属于企业间联结；其次，整理完整、准确的上市公司董事、管理层数据库之后，根据高管个人代码来识别高管名单中同年度同名成员是否真正存在联结关系，建立“公司－公司”关系，从而构建不同的公司之间的联结关系。

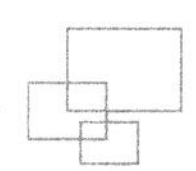

企业参与绿色治理数据来源：现有研究学者指出企业基于环境治理和绿色管理方面实施的绿色行动、绿色支出以及获得的绿色治理绩效，在一定程度上可以反映出企业绿色治理的参与决策（Scannell et al. , 2010）和决策结果，并且多采用企业或政府进行环境治理的资本支出或投资额来度量环境治理，得出环境资本支出越高、环境绩效越好的结论（黎文靖等，2015；胡珺等，2017）。因此，借鉴姜广省等（2021）的做法，相应的数据收集如下：首先，从巨潮网上下载上市公司季度/年度报告和社会责任报告，然后通过手工查找是否存在“环境保护”“环境治理”“绿色技术改造”等与绿色行动相关的词；其次，对于一些上市公司虽然没有披露相关绿色行动，但是在报告中披露有关“污染治理费”“绿化费”“生态治理费”等支出，本章也将其界定为存在绿色行动，因为这些支出也主要是由绿色行动造成的；最后，根据相关绿色行动获取支出费用，该支出包括环境治理支出和绿色管理等方面的支出，例如企业通过 ISO14000 系列标准认证、实施绿色生产技术改造等支出，这比仅仅为了满足环境规制下末端治理的环境治理支出范围更广。

其他数据来源：股权结构（第一大股东持股数量、总股份等）、公司财务特征（总资产、总负债、总资产收益率、经营活动产生的现金流等）、企业特征（最终控制人数据、成立时间、行业特征等）、董事会特征（董事长与总经理兼任情况、董事会成员人数、独立董事人数等）等均来自 CSMAR 数据库。

4.2.2　模型设定和变量设定

1. 模型设定

为检验企业参与绿色治理的锚定效应，借鉴现有研究（祝继高等，2017；姜广省等，2021）的做法，构建如下模型：

$$GGE_{i,t} = \alpha_0 + \alpha_1 \times GGE\_in_{i,t} + \alpha_j \times Control_{i,t} + \varepsilon_{i,t} \tag{1}$$

$$GGE_{i,t} = \beta_0 + \beta_1 \times GGE\_out_{i,t} + \beta_j \times Control_{i,t} + \varepsilon_{i,t} \tag{2}$$

$$GGE_{i,t} = \gamma_0 + \gamma_1 \times GGE\_in_{i,t} + \gamma_2 \times GGE\_out_{i,t} + \gamma_j \times Control_{i,t} + \varepsilon_{i,t} \tag{3}$$

$$GGE_{i,t} = \delta_0 + \delta_1 \times GGE\_in_{i,t} \times Z + \delta_2 \times GGE\_in_{i,t} + \delta_3 \times Z_{i,t} + \delta_j \times Control_{i,t} + \varepsilon_{i,t} \tag{4}$$

$$GGE_{i,t} = \lambda_0 + \lambda_1 \times GGE\_out_{i,t} \times Z + \lambda_2 \times GGE\_out_{i,t} + \lambda_3 \times Z_{i,t} + \lambda_j \times Control_{i,t} + \varepsilon_{i,t} \quad (5)$$

$$GGE_{i,t} = \mu_0 + \mu_1 \times GGE\_in_{i,t} \times Z + \mu_2 \times GGE\_out_{i,t} \times Z + \mu_3 \times GGE\_in_{i,t} + \mu_4 \times GGE\_out_{i,t} + \mu_5 \times Z_{i,t} + \mu_j \times Control_{i,t} + \varepsilon_{i,t} \quad (6)$$

其中，模型（1）检验企业参与绿色治理的内在锚效应，模型（2）检验企业参与绿色治理的外在锚效应，模型（3）是对企业参与绿色治理中内在锚效应和外在锚效应的检验，模型（4）~（6）是在不同情境下，是对企业参与绿色治理锚定效应的检验。变量设定如下：*GGE* 表示企业绿色支出变量；*GGE_in* 表示企业参与绿色治理的内在锚值；*GGE_out* 表示企业参与绿色治理的外在锚值；*Z* 表示包括 *Cash*（现金能力）、*Type*（所有制性质）、*Pollution*（重污染企业）在内的情境变量；*Control* 表示控制变量；下标 i 和 t 分别表示企业和年度；下标 j 表示第 j 个控制变量；α_0、β_0、γ_0、δ_0、λ_0、μ_0 分别表示每个模型的截距项；α_1、β_1、γ_1、γ_2、$\delta_1 \sim \delta_3$、$\lambda_1 \sim \lambda_3$、$\mu_1 \sim \mu_5$、α_j、β_j、γ_j、δ_j、λ_j、μ_j 分别表示模型中变量的估计系数；ε 表示随机扰动项。

2. 变量设定

（1）被解释变量。本章被解释变量为企业绿色支出变量 *GGE*（Green Governance Expenditure），借鉴现有研究（姜广省等，2021）的做法，将企业在"环境保护""环境治理""绿色技术改造"等方面的支出，作为企业参与绿色治理产生绿色支出，并进行对数化处理。

（2）解释变量。本章解释变量为企业参与绿色治理的锚值，包括内在锚值（*GGE_in*），测量为焦点企业首次实施绿色治理时绿色支出的自然对数；外在锚值（*GGE_out*），测量为由高管形成联结企业的绿色支出均值的自然对数，这里的高管主要是指管理层和董事会成员。借鉴陈仕华等（2016）的做法，进行了时间控制，如果焦点企业在 t 时点参与绿色治理，那么就需要计算联结企业在 $t-x$ 时点（$2 \geqslant x \geqslant 0$）的绿色支出均值，并进行对数化处理。

（3）情境变量。借鉴现有研究（祝继高等，2017；姜广省等，2021）的做法，设置如下情境变量：*Cash*（现金能力，测量为经营活动产生的现金流与总资产的比例）、*Type*（所有制性质，测量为当企业实际控制人是

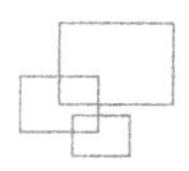

国有性质时，取值为 1，否则为 0）、*Pollution*（重污染企业，测量为当企业属于重污染行业时，取值为 1，否则为 0）。其中，将采矿业，农副食品加工业，食品制造业，酒、饮料和精制茶制造业，纺织业，纺织服装、服饰业，皮革、毛皮、羽毛及其制品和制鞋业，造纸和纸制品业，印刷和记录媒介复制业，文教、工美、体育和娱乐用品制造业，石油加工、炼焦和核燃料加工业，化学原料和化学制品制造业，医药制造业，化学纤维制造业，橡胶和塑料制品业，非金属矿物制品业，黑色金属冶炼和压延加工业，有色金属冶炼和压延加工业，金属制品业，电力、热力、燃气及水生产和供应业等行业定义为重污染行业。

（4）控制变量。借鉴胡珺等（2017）、姜广省等（2021）的做法，本章控制变量如下：*Fshare*（股权集中度）、*Dual*（两职兼任）、*Board*（董事会规模）、*Indd*（独立董事比例）、*Size*（企业规模）、*Roa*（盈利能力）、*Debt*（负债水平）、*Growth*（企业增长性）、*Age*（企业年龄，企业成立时间的自然对数）；同时还考虑了 *Ind*（行业效应）和 *Year*（年度效应）。变量定义见表 4-1。

表 4-1　变量定义

变量	符号	变量定义
企业绿色支出	*GGE*	企业参与绿色治理产生绿色支出的自然对数
内在锚值	*GGE_in*	焦点企业首次实施绿色治理时绿色支出的自然对数
外在锚值	*GGE_out*	由高管形成联结企业的绿色支出均值的自然对数
股权集中度	*Fshare*	第一大股东持股数量与企业总股份的比例
两职兼任	*Dual*	当企业董事长和总经理由同一个人兼任时，取值为 1，否则为 0
董事会规模	*Board*	董事会人数
独立董事比例	*Indd*	独立董事人数与董事会人数的比例
企业规模	*Size*	企业总资产的自然对数
盈利能力	*Roa*	企业的总资产收益率
负债水平	*Debt*	企业总负债与总资产的比例
企业增长性	*Growth*	企业主营业务收入增长率
企业年龄	*Age*	企业成立时间的自然对数
现金能力	*Cash*	经营活动产生的现金流与总资产的比例
所有制性质	*Type*	当企业实际控制人是国有性质时，取值为 1，否则为 0

续表

变量	符号	变量定义
重污染企业	*Pollution*	当企业属于重污染行业时，取值为1，否则为0
行业效应	*Ind*	根据中国证监会的行业分类标准，样本对应的行业作为虚拟变量
年度效应	*Year*	样本对应的年份作为虚拟变量

4.3 企业参与绿色治理的锚定效应的实证结果分析

4.3.1 描述性统计

表4-2给出的是主要变量的描述性统计结果。平均来看，在仅存在内在锚的情况下（Panel A），样本公司参与绿色治理的程度（绿色支出）为0.264，内在锚值为0.471；在仅存在外在锚的情况下（Panel B），样本公司参与绿色治理的程度为0.742，外在锚值为9.976；在内在锚和外在锚同时存在的情况下（Panel C），样本公司参与绿色治理的程度为0.814，内在锚值为1.007，外在锚值为9.813。其他情况下的变量描述性统计结果见表4-2。

表4-2 主要变量的描述性统计结果

Panel A：内在锚效应样本					
变量	均值	标准差	中位数	最小值	最大值
GGE	0.264	2.013	0.000	0.000	22.121
GGE_in	0.471	2.619	0.000	0.000	23.744
Fshare	0.344	0.148	0.323	0.003	0.894
Dual	0.305	0.460	0.000	0.000	1.000
Board	8.450	1.637	9.000	3.000	17.000
Indd	0.374	0.055	0.333	0.133	0.800
Size	21.671	1.125	21.575	14.942	27.301
Roa	0.039	0.063	0.040	-0.260	0.196
Debt	0.409	0.213	0.396	0.051	0.898
Growth	0.192	0.466	0.115	-0.592	2.876
Age	5.158	0.451	5.231	2.079	6.612

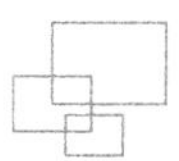

续表

Panel A：内在锚效应样本					
变量	均值	标准差	中位数	最小值	最大值
Type	0. 304	0. 460	0. 000	0. 000	1. 000
Cash	0. 041	0. 076	0. 041	−0. 184	0. 251
Pollution	0. 281	0. 450	0. 000	0. 000	1. 000
Panel B：外在锚效应样本					
变量	均值	标准差	中位数	最小值	最大值
GGE	0. 742	3. 341	0. 000	0. 000	0. 742
GGE_out	9. 976	8. 360	14. 430	0. 000	9. 976
Fshare	0. 345	0. 148	0. 324	0. 003	0. 345
Dual	0. 303	0. 459	0. 000	0. 000	0. 303
Board	8. 473	1. 651	9. 000	3. 000	8. 473
Indd	0. 374	0. 055	0. 333	0. 133	0. 374
Size	21. 697	1. 143	21. 594	14. 942	21. 697
Roa	0. 039	0. 063	0. 040	−0. 260	0. 039
Debt	0. 410	0. 213	0. 398	0. 051	0. 410
Growth	0. 195	0. 472	0. 115	−0. 592	0. 195
Age	5. 159	0. 451	5. 231	2. 079	5. 159
Type	0. 310	0. 462	0. 000	0. 000	0. 310
Cash	0. 041	0. 076	0. 042	−0. 184	0. 041
Pollution	0. 289	0. 453	0. 000	0. 000	0. 289
Panel C：双锚效应样本					
变量	均值	标准差	中位数	最小值	最大值
GGE	0. 814	3. 513	0. 000	0. 000	27. 946
GGE_in	1. 007	3. 824	0. 000	0. 000	24. 275
GGE_out	9. 813	8. 383	14. 298	0. 000	27. 946
Fshare	0. 345	0. 148	0. 324	0. 003	0. 894
Dual	0. 302	0. 459	0. 000	0. 000	1. 000
Board	8. 475	1. 653	9. 000	3. 000	18. 000
Indd	0. 374	0. 055	0. 333	0. 133	0. 800
Size	21. 704	1. 148	21. 601	14. 942	28. 282
Roa	0. 039	0. 063	0. 040	−0. 260	0. 196

续表

Panel C：双锚效应样本					
变量	均值	标准差	中位数	最小值	最大值
Debt	0.411	0.213	0.399	0.051	0.898
Growth	0.192	0.464	0.115	-0.592	2.876
Age	5.159	0.449	5.231	2.079	6.612
Type	0.311	0.463	0.000	0.000	1.000
Cash	0.041	0.075	0.041	-0.184	0.251
Pollution	0.292	0.455	0.000	0.000	1.000

4.3.2 相关性矩阵

表4-3给出的是内在锚检验时主要变量的相关性系数矩阵。由表4-3可以看出，无论是皮尔逊（Pearson）检验还是斯皮尔曼（Spearman）检验，内在锚值（*GGE_in*）均显著正相关于企业参与绿色治理程度（*GGE*，绿色支出）。此外，股权集中度（*Fshare*）、董事会规模（*Board*）、企业规模（*Size*）、盈利能力（*Roa*）、负债水平（*Debt*）、现金能力（*Cash*）、所有制性质（*Type*）、重污染企业（*Pollution*）显著正相关于企业参与绿色治理程度（*GGE*，绿色支出），两职兼任（*Dual*）显著负相关于企业参与绿色治理程度（*GGE*，绿色支出），可以看出本部分选择控制变量的合理性。此外，Green等（1988）认为相关性系数检验只有超过0.75或者最大方差膨胀因子 *VIF*>10 才具有严重的多重共线性，而本章控制变量、情境变量之间相关性系数绝对值的最大值为0.62，*VIF* 最大值为1.56，远低于多重共线性风险的建议阈值10。这说明主要变量之间并不存在比较严重的多重共线性。

表4-3 内在锚检验的相关性系数矩阵

变量	1	2	3	4	5	6	7
1. *GGE*	**1.00**	0.48**	0.02*	-0.02*	0.01*	0.01	0.04**
2. *GGE_in*	0.49**	**1.00**	0.00	-0.03**	-0.01	0.01	0.06**
3. *Fshare*	0.02**	0.01	**1.00**	0.01	-0.02**	0.03**	0.08**
4. *Dual*	-0.02*	-0.03**	0.00	**1.00**	-0.18**	0.12**	-0.15**

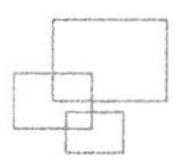

续表

变量	1	2	3	4	5	6	7
5. *Board*	0.02 **	0.00	-0.02 *	-0.17 **	**1.00**	-0.62 **	0.17 **
6. *Indd*	0.01	0.02 *	0.03 **	0.13 **	-0.53 **	**1.00**	-0.03 **
7. *Size*	0.06 **	0.08 **	0.12 **	-0.14 **	0.19 **	-0.02 **	**1.00**
8. *Roa*	0.01 *	0.00	0.16 **	0.06 **	0.01	-0.02 **	-0.04 **
9. *Debt*	0.01 *	0.01 *	0.02 **	-0.15 **	0.13 **	-0.04 **	0.45 **
10. *Growth*	0.00	-0.02 *	0.02 *	0.02 **	-0.01	0.01	0.08 **
11. *Age*	-0.01	0.04 **	-0.12 **	-0.09 **	0.00	0.01 *	0.24 **
12. *Type*	0.03 **	0.04 **	0.15 **	-0.29 **	0.26 **	-0.11 **	0.24 **
13. *Cash*	0.02 **	0.02 *	0.07 **	0.00	0.04 **	-0.03 **	-0.02 *
14. *Pollution*	0.08 **	0.08 **	0.00	0.02 **	0.03 **	-0.02 *	-0.07 **

变量	8	9	10	11	12	13	14
1. *GGE*	0.01	0.01 *	0.01	-0.01	0.03 **	0.02 **	0.08 **
2. *GGE_in*	-0.01	0.01	-0.01	0.05 **	0.04 **	0.01	0.07 **
3. *Fshare*	0.15 **	0.01	0.02 **	-0.12 **	0.13 **	0.08 **	0.01
4. *Dual*	0.09 **	-0.16 **	0.04 **	-0.09 **	-0.29 **	0.00	0.02 **
5. *Board*	-0.01	0.12 **	0.00	-0.01	0.25 **	0.03 **	0.03 **
6. *Indd*	-0.02 **	-0.04 **	0.01	0.01	-0.12 **	-0.03 **	-0.02 **
7. *Size*	-0.13 **	0.45 **	0.07 **	0.25 **	0.25 **	-0.02 *	-0.07 **
8. *Roa*	**1.00**	-0.44 **	0.31 **	-0.17 **	-0.17 **	0.39 **	0.03 **
9. *Debt*	-0.37 **	**1.00**	0.02 *	0.19 **	0.27 **	-0.17 **	-0.08 **
10. *Growth*	0.21 **	0.05 **	**1.00**	-0.12 **	-0.09 **	0.06 **	-0.01
11. *Age*	-0.14 **	0.20 **	-0.03 **	**1.00**	0.17 **	-0.04 **	-0.01 *
12. *Type*	-0.09 **	0.27 **	-0.06 **	0.17 **	**1.00**	0.00	-0.04 **
13. *Cash*	0.34 **	-0.17 **	0.01	-0.02 **	0.01	**1.00**	0.09 **
14. *Pollution*	0.04 **	-0.08 **	-0.03 **	-0.01	-0.04 **	0.08 **	**1.00**

注：对角线（加粗部分）的左下角为 Pearson 相关性，右上角为 Spearman 相关性。* 和 ** 分别代表 5% 和 1% 的显著性水平。

表 4-4 给出的是外在锚检验时主要变量的相关性系数矩阵。由表 4-4 可以看出，无论是 Pearson 检验还是 Spearman 检验，外在锚值（*GGE_out*）均显著正相关于企业参与绿色治理程度（*GGE*，绿色支出）。此外，股权集中度（*Fshare*）、董事会规模（*Board*）、企业规模（*Size*）、盈利能力

(*Roa*)、负债水平 (*Debt*)、企业增长性 (*Growth*)、现金能力 (*Cash*)、所有制性质 (*Type*)、重污染企业 (*Pollution*) 显著正相关于企业参与绿色治理程度 (*GGE*，绿色支出)，两职兼任 (*Dual*) 显著负相关于企业参与绿色治理程度 (*GGE*，绿色支出)，可以看出本部分选择控制变量的合理性。此外，本部分控制变量、情境变量之间相关性系数绝对值的最大值为 0.62，*VIF* 最大值为 1.58，远低于多重共线性风险的建议阈值 10 (Green et al.，1988)。这说明主要变量之间并不存在比较严重的多重共线性。

表 4-4　外在锚检验的相关性系数矩阵

变量	1	2	3	4	5	6	7
1. *GGE*	**1.00**	0.13 **	0.03 **	-0.03 **	0.06 **	-0.01	0.11 **
2. *GGE_out*	0.14 **	**1.00**	0.00	-0.04 **	0.05 **	0.03 **	0.26 **
3. *Fshare*	0.04 **	0.00	**1.00**	0.01	-0.02 **	0.02 **	0.09 **
4. *Dual*	-0.03 **	-0.04 **	0.00	**1.00**	-0.18 **	0.12 **	-0.15 **
5. *Board*	0.08 **	0.06 **	-0.01	-0.17 **	**1.00**	-0.62 **	0.17 **
6. *Indd*	0.00	0.03 **	0.03 **	0.13 **	-0.52 **	**1.00**	-0.02 **
7. *Size*	0.14 **	0.25 **	0.13 **	-0.14 **	0.20 **	-0.02 **	**1.00**
8. *Roa*	0.02 **	-0.04 **	0.17 **	0.06 **	0.02 *	-0.02 **	-0.04 **
9. *Debt*	0.04 **	0.06 **	0.02 **	-0.15 **	0.13 **	-0.03 **	0.46 **
10. *Growth*	0.03 **	0.01	0.02 **	0.02 *	-0.01	0.01	0.09 **
11. *Age*	0.01	0.17 **	-0.12 **	-0.08 **	0.00	0.01 *	0.23 **
12. *Type*	0.08 **	0.08 **	0.15 **	-0.29 **	0.26 **	-0.11 **	0.25 **
13. *Cash*	0.04 **	-0.01	0.08 **	0.00	0.04 **	-0.03 **	-0.01
14. *Pollution*	0.12 **	-0.02 *	0.01	0.02 *	0.04 **	-0.02 **	-0.07 **
变量	8	9	10	11	12	13	14
1. *GGE*	0.02 *	0.03 **	0.01	0.00	0.07 **	0.04 **	0.12 **
2. *GGE_out*	-0.06 **	0.07 **	-0.01	0.18 **	0.10 **	-0.01	-0.02 **
3. *Fshare*	0.15 **	0.01 *	0.02 **	-0.12 **	0.14 **	0.08 **	0.01
4. *Dual*	0.09 **	-0.16 **	0.04 **	-0.09 **	-0.29 **	0.00	0.02 *
5. *Board*	-0.01	0.13 **	0.00	-0.01	0.25 **	0.04 **	0.04 **
6. *Indd*	-0.02 **	-0.04 **	0.01	0.01	-0.11 **	-0.03 **	-0.02 **
7. *Size*	-0.12 **	0.45 **	0.08 **	0.25 **	0.25 **	-0.01 *	-0.06 **

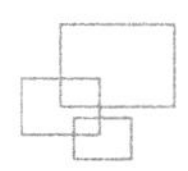

续表

变量	8	9	10	11	12	13	14
8. *Roa*	**1.00**	-0.44**	0.31**	-0.16**	-0.17**	0.39**	0.03**
9. *Debt*	-0.37**	**1.00**	0.02*	0.19**	0.28**	-0.17**	-0.08**
10. *Growth*	0.20**	0.05**	**1.00**	-0.11**	-0.09**	0.06**	-0.02*
11. *Age*	-0.14**	0.20**	-0.03**	**1.00**	0.17**	-0.04**	-0.01
12. *Type*	-0.09**	0.28**	-0.06**	0.16**	**1.00**	0.00	-0.03**
13. *Cash*	0.34**	-0.17**	0.01	-0.02**	0.01	**1.00**	0.10**
14. *Pollution*	0.04**	-0.08**	-0.03**	-0.01	-0.03**	0.09**	**1.00**

注：对角线（加粗部分）的左下角为 Pearson 相关性，右上角为 Spearman 相关性。* 和 ** 分别代表5% 和 1% 的显著性水平。

表 4-5 给出的是内在锚和外在锚同时检验时主要变量的相关性系数矩阵。由表 4-5 可以看出，无论是 Pearson 检验还是 Spearman 检验，内在锚值（*GGE_in*）和外在锚值（*GGE_out*）均显著正相关于企业参与绿色治理程度（*GGE*，绿色支出）。此外，股权集中度（*Fshare*）、董事会规模（*Board*）、企业规模（*Size*）、盈利能力（*Roa*）、负债水平（*Debt*）、现金能力（*Cash*）、所有制性质（*Type*）、重污染企业（*Pollution*）显著正相关于企业参与绿色治理程度（*GGE*，绿色支出），两职兼任（*Dual*）显著负相关于企业参与绿色治理程度（*GGE*，绿色支出），可以看出本部分选择控制变量的合理性。此外，本部分控制变量、情境变量之间相关性系数绝对值的最大值为 0.62，*VIF* 最大值为 1.58，远低于多重共线性风险的建议阈值 10（Green et al.，1988）。这说明主要变量之间并不存在比较严重的多重共线性。

表 4-5　内在锚和外在锚同时检验的相关性系数矩阵

变量	1	2	3	4	5	6	7	8
1. *GGE*	**1.00**	0.78**	0.05**	0.03**	-0.04**	0.07**	-0.01	0.13**
2. *GGE_in*	0.79**	**1.00**	0.07**	0.02**	-0.04**	0.05**	-0.01	0.14**
3. *GGE_out*	0.05**	0.07**	**1.00**	0.00	-0.04**	0.05**	0.03**	0.26**
4. *Fshare*	0.04**	0.03**	-0.01	**1.00**	0.01	-0.02**	0.03**	0.09**
5. *Dual*	-0.04**	-0.05**	-0.03**	0.00	**1.00**	-0.18**	0.12**	-0.15**
6. *Board*	0.08**	0.06**	0.05**	-0.01	-0.17**	**1.00**	-0.62**	0.18**

续表

变量	1	2	3	4	5	6	7	8
7. *Indd*	-0.01	0.00	0.03**	0.03**	0.13**	-0.52**	**1.00**	-0.03**
8. *Size*	0.17**	0.17**	0.24**	0.13**	-0.14**	0.20**	-0.02**	**1.00**
9. *Roa*	0.02*	0.01	-0.04**	0.16**	0.06**	0.02*	-0.02**	-0.04**
10. *Debt*	0.05**	0.05**	0.06**	0.02**	-0.16**	0.13**	-0.04**	0.46**
11. *Growth*	0.00	-0.01	0.00	0.02*	0.02**	-0.01	0.01	0.08**
12. *Age*	0.01	0.04**	0.18**	-0.12**	-0.08**	0.00	0.01	0.23**
13. *Type*	0.09**	0.09**	0.07**	0.15**	-0.29**	0.27**	-0.11**	0.26**
14. *Cash*	0.04**	0.03**	-0.01	0.08**	0.00	0.04**	-0.03**	-0.01
15. *Pollution*	0.15**	0.14**	-0.02**	0.01	0.01*	0.04**	-0.02**	-0.06**

变量	9	10	11	12	13	14	15
1. *GGE*	0.00	0.05**	0.01	0.00	0.08**	0.03**	0.15**
2. *GGE_in*	-0.01	0.05**	-0.01	0.04**	0.09**	0.02**	0.14**
3. *GGE_out*	-0.06**	0.06**	-0.01	0.18**	0.09**	-0.01	-0.03**
4. *Fshare*	0.15**	0.02*	0.02**	-0.12**	0.14**	0.08**	0.01
5. *Dual*	0.09**	-0.16**	0.04**	-0.09**	-0.29**	0.00	0.01*
6. *Board*	-0.01	0.13**	0.00	-0.01	0.25**	0.03**	0.04**
7. *Indd*	-0.02*	-0.04**	0.01	0.01	-0.11**	-0.03**	-0.02**
8. *Size*	-0.12**	0.46**	0.07**	0.24**	0.26**	-0.01	-0.05**
9. *Roa*	**1.00**	-0.44**	0.31**	-0.16**	-0.17**	0.39**	0.03**
10. *Debt*	-0.37**	**1.00**	0.02*	0.19**	0.28**	-0.17**	-0.07**
11. *Growth*	0.21**	0.05**	**1.00**	-0.12**	-0.09**	0.06**	-0.01
12. *Age*	-0.14**	0.20**	-0.03**	**1.00**	0.17**	-0.03**	-0.01
13. *Type*	-0.09**	0.28**	-0.06**	0.16**	**1.00**	0.00	-0.02**
14. *Cash*	0.35**	-0.17**	0.01	-0.02**	0.01	**1.00**	0.10**
15. *Pollution*	0.04**	-0.07**	-0.03**	0.00	-0.02**	0.09**	**1.00**

注：对角线（加粗部分）的左下角为 Pearson 相关性，右上角为 Spearman 相关性。* 和 ** 分别代表 5% 和 1% 的显著性水平。

4.3.3 企业参与绿色治理的锚定效应检验

参考陈仕华等（2016）的做法，本章主要通过锚定效应存在性、有效

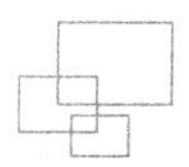

性和多元回归测试三步来检验企业参与绿色治理的锚定效应。

1. 锚值存在性和强度检验

锚值的存在性主要是考察参与绿色治理的锚值与理性值、实际值与理性值之间是否存在显著的差异性。参考祝继高等（2017）的做法，估计企业参与绿色治理的理性值的模型如下：

$$GGE_{i,t} = \alpha_0 + \alpha_1 \times Fshare_{i,t} + \alpha_2 \times Dual_{i,t} + \alpha_3 \times Board_{i,t} + \alpha_4 \times Indd_{i,t} + \alpha_5 \times Size_{i,t} + \alpha_6 \times Debt_{i,t} + \alpha_7 \times Growth_{i,t} + \alpha_8 \times Age_{i,t} + \beta \times ind_j + \gamma \times year_k + \varepsilon_{i,t} \quad (7)$$

其中，GGE 为焦点企业的绿色支出，其他变量见表 4-1。下标 i 和 t 分别表示企业和年度，j 表示第 j 个行业，k 表示第 k 个年度。α_0 表示模型的截距项，$\alpha_1 \sim \alpha_8$、β、γ 表示模型中变量的估计系数，ε 表示随机扰动项。借助上述模型，估算出企业参与绿色治理的理性值（$EGGE$），并对相关变量进行标准化处理。

（1）内在锚检验。首先，检验在高锚区域或低锚区域，实际值是否显著高于或低于理性值。表 4-6 中，当企业参与绿色治理的内在锚值小于理性值（低锚区域）时，内在锚值与理性值之间的均值差异（ΔGGE_in1）为 -0.789，实际值与理性值之间的均值差异（ΔGGE_in2）为 -0.456，且在 1% 水平上显著区别于零。这说明，在仅存在内在锚时，内在锚值显著低于理性值，实际值也显著低于理性值。当企业参与绿色治理的内在锚值大于理性值（高锚区域）时，内在锚值与理性值之间的均值差异（ΔGGE_in1）为 0.671，实际值与理性值之间的均值差异（ΔGGE_in2）为 0.389，且在 1% 水平上显著区别于零。这说明内在锚值显著高于理性值，实际值也显著高于理性值。

其次，检验在高锚区域或低锚区域，实际值是否与锚值存在显著差异，在低锚区域，企业参与绿色治理的实际值与锚定值之间的均值差异（ΔGGE_in3）在 1% 水平上显著为正；在高锚区域，企业参与绿色治理的实际值与锚定值之间的均值差异（ΔGGE_in3）在 1% 水平上显著为负。

对于内在锚效应的检验结果说明，在低锚区域，企业参与绿色治理的实际值显著低于理性值；在高锚区域，企业参与绿色治理的实际值显著高于理性值。这在一定程度上说明企业参与绿色治理存在内在锚效应，但是也可能受到理性因素的支配。

表 4-6　内在锚效应的存在性检验

变量	低锚区域		高锚区域		*T* 值
	均值	*T* 值	均值	*T* 值	
ΔGGE_in1	-0.789	-15.017***	0.671	12.549***	-19.321***
ΔGGE_in2	-0.456	-6.547***	0.389	6.191***	-9.026***
ΔGGE_in3	0.332	4.748***	-0.283	-4.683***	6.691***

注：*** 代表 1% 的显著性水平。*T* 值代表由通过 *T* 检验来判断两组样本的均值在统计上是否有显著差异时所产生的值。

（2）外在锚检验。首先，检验在高锚区域或低锚区域，实际值是否显著高于或低于理性值。表 4-7 中，当企业参与绿色治理的外在锚值小于理性值（低锚区域）时，外在锚值与理性值之间的均值差异（ΔGGE_out1）为 -0.991，实际值与理性值之间的均值差异（ΔGGE_in2）为 -0.271，且均在 1% 水平上显著区别于零。这说明，在仅存在外在锚时，外在锚值显著低于理性值，实际值也显著低于理性值。当企业参与绿色治理的外在锚值大于理性值（高锚区域）时，外在锚值与理性值之间的均值差异（ΔGGE_out1）为 1.011，实际值与理性值之间的均值差异（ΔGGE_out2）为 0.269，且均在 1% 水平上显著区别于零，这说明外在锚值显著高于理性值，实际值也显著高于理性值。

其次，检验在高锚区域或低锚区域，实际值是否与锚值存在显著差异，在低锚区域，企业参与绿色治理的实际值与低锚值之间的均值差异（ΔGGE_out3）在 1% 水平上显著为正；在高锚区域，企业参与绿色治理的实际值与低锚值之间的均值差异（ΔGGE_out3）在 1% 水平上显著为负。

对于外在锚效应的检验结果说明，在低锚区域，企业参与绿色治理的实际值显著低于理性值；在高锚区域，企业参与绿色治理的实际值显著高于理性值。这在一定程度上说明企业参与绿色治理存在外在锚效应，但是也可能受到理性因素的支配。

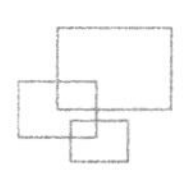

表 4-7　外在锚效应的存在性检验

变量	低锚区域		高锚区域		T 值
	均值	T 值	均值	T 值	
ΔGGE_out1	-0.991	-25.569***	1.011	26.976***	-37.132***
ΔGGE_out2	-0.271	-4.893***	0.269	5.615***	-7.374***
ΔGGE_out3	0.609	11.087***	-0.742	-13.188***	17.057***

注：*** 代表 1% 的显著性水平。T 值代表由通过 T 检验来判断两组样本的均值在统计上是否有显著差异时所产生的值。

2. 锚定效应的有效性检验

为检验焦点企业第一次参与绿色治理的绿色支出是否可以作为有效的内在锚值，以及高管联结企业参与绿色治理的绿色支出是否可以作为有效的外在锚值，本章构建参照组进行测试。根据陈仕华等（2016）的做法，实验组和参照组构造如下：在内在锚效应检验时，以焦点企业第一次绿色支出作为实验组（内在锚值），以与焦点企业处于相同年度相同行业的企业第一次绿色支出作为参照组（非内在锚值）；在外在锚效应检验时，以与焦点企业存在高管联结的企业绿色支出水平作为实验组（外在锚值），以与联结企业处于相同年度行业，但与焦点企业不存在联结关系的企业绿色支出作为参照组（非外在锚值）。表 4-8 中模型第（1）～（3）列是内在锚的检验结果，第（4）～（6）列是外在锚的检验结果。第（1）列中 GGE_in 包括全样本中实验组的内在锚值和参照组的非内在锚值，第（4）列 GGE_out 包括全样本中实验组的外在锚值和参照组的非外在锚值，$Anchor\_if$ 代表是否为实验组（是为 1，否则为 0），GGE_in（GGE_out）× $Anchor\_if$ 表示锚值与是否为实验组变量的乘积项。可以看出在全样本中，乘积项的系数显著为正，在分样本组，只有在仅存在内在锚或者外在锚的样本组中，内在锚值或外在锚值与焦点企业的绿色支出显著正相关，而非锚值则不显著。这说明在存在内在锚或外在锚的情况下，内在锚值或外在锚值均显著正相关于焦点企业的绿色支出，可以看出“焦点企业第一次绿色支出”以及“联结企业的绿色支出”可以成为有效的“内在锚”和“外在锚”，从而验证假设 1 和假设 2。

表 4-8 锚定效应的有效性检验

变量	(1)	(2)	(3)	(4)	(5)	(6)	(7)
	GGE	*GGE*	*GGE*	*GGE*	*GGE*	*GGE*	*GGE*
GGE_in	0. 002 (0. 32)	0. 002 (0. 32)	0. 373 *** (18. 31)				0. 714 *** (55. 99)
GGE_out				0. 006 (1. 41)	0. 005 (1. 49)	0. 040 *** (15. 29)	−0. 002 (−0. 65)
GGE_in × *Anchor_if*	0. 005 * (1. 66)						
GGE_out × *Anchor_if*				0. 015 * (1. 76)			
Anchor_if	13. 800 *** (87. 67)			14. 489 *** (41. 20)			
控制变量	是	是	是	是	是	是	是
常数项	−14. 185 *** (−15. 40)	−13. 979 *** (−14. 95)	−1. 792 *** (−3. 92)	−6. 140 *** (−9. 95)	−4. 980 *** (−7. 89)	−11. 627 *** (−13. 28)	−2. 747 *** (−5. 27)
R^2	0. 248	0. 066	0. 273	0. 660	0. 043	0. 067	0. 649
N	18205	17979	17470	18311	17543	18012	18182
样本	全样本	非内在锚样本	内在锚样本	全样本	非外在锚样本	外在锚样本	全样本

注：( ) 中是 *T* 值，*T* 值代表模型中变量回归系数的标准化值。*、** 和 *** 分别代表 10%、5% 和 1% 的显著性水平。R^2 代表回归模型的拟合优度值。*N* 代表回归模型所使用的样本观测值。

在上述结论的基础上，本章还考察内在锚和外在锚同时存在的情况，如表 4-8 第（7）列所示，结果指出，在既存在内在锚又存在外在锚的样本中，*GGE_in* 系数显著为正，而 *GGE_out* 不显著。这说明在内在锚和外在锚均存在的情况下，内在锚占优，从而验证假设 3。

4.3.4 企业参与绿色治理中锚定效应的情境研究

表 4-9 中第（1）~（3）列是检验不同现金能力的企业参与绿色治理过程中锚定效应的回归结果。*Context* 为情境变量。结果显示，在模型（1）和模型（2）中，*GGE_in* × *Context*（*Cash*）、*GGE_out* × *Context*（*Cash*）的回归系数均显著为正，而在模型（3）中，仅有 *GGE_in* × *Context*（*Cash*）

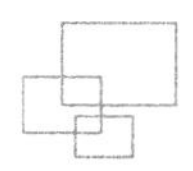

的系数显著为正，*GGE_out* × *Context*（*Cash*）不存在显著作用。这说明仅存在内在锚或仅存在外在锚的情况下，现金能力较高的企业呈现的内在锚效应或外在锚效应更强，而在同时存在内在锚和外在锚的情况下，内在锚占主导，此时现金能力并未影响外在锚效应，而是通过影响内在锚效应发挥作用。可以看出，与现金能力较低的企业相比，现金能力较高的企业参与绿色治理具有更强的锚定效应，从而验证假设 4。

表 4-9 中第（4）~（6）列是检验不同所有制性质的企业在参与绿色治理过程中锚定效应的回归结果。在模型（4）和模型（5）中，*GGE_in* × *Context*（*Type*）、*GGE_out* × *Context*（*Type*）的回归系数均显著为正，而在模型（6）中，仅有 *GGE_in* × *Context*（*Type*）的系数显著为正，*GGE_out* × *Context*（*Type*）不存在显著作用。这说明仅存在内在锚或仅存在外在锚的情况下，国有企业呈现的内在锚效应或外在锚效应更强，而在同时存在内在锚和外在锚的情况下，内在锚占主导，此时所有制性质并未影响外在锚效应，而是通过影响内在锚效应发挥作用。可以看出，与非国有企业相比，国有企业参与绿色治理具有更强的锚定效应，从而验证假设 5。

表 4-9　企业参与绿色治理中锚定效应的情境调节

变量	(1)	(2)	(3)	(4)	(5)	(6)
	GGE	*GGE*	*GGE*	*GGE*	*GGE*	*GGE*
GGE_in	0.351***		0.697***	0.325***		0.666***
	(14.06)		(44.06)	(12.82)		(36.49)
GGE_out		0.039***	0.001		0.029***	0.002
		(13.29)	(0.24)		(9.93)	(0.60)
GGE_in × *Context*	0.446*		0.328*	0.115***		0.102***
	(1.75)		(1.82)	(2.75)		(4.09)
GGE_out × *Context*		0.095***	−0.013		0.041***	−0.006
		(2.74)	(−0.54)		(6.84)	(−1.16)
Context	−0.045	−0.148	0.191	−0.065**	−0.055	0.007
	(−0.40)	(−0.54)	(0.63)	(−2.33)	(−0.83)	(0.10)
控制变量	是	是	是	是	是	是
常数项	−1.716***	−11.668***	−2.999***	−1.671***	−10.579***	−2.692***
	(−3.77)	(−12.81)	(−5.51)	(−3.71)	(−11.72)	(−4.89)

续表

变量	(1)	(2)	(3)	(4)	(5)	(6)
	GGE	*GGE*	*GGE*	*GGE*	*GGE*	*GGE*
R^2	0. 275	0. 069	0. 650	0. 279	0. 073	0. 652
N	17470	18012	18182	17470	18012	18182
Context	*Cash*			*Type*		

变量	(7)	(8)	(9)
	GGE	*GGE*	*GGE*
GGE_in	0. 294 *** (11. 23)		0. 633 *** (32. 50)
GGE_out		0. 023 *** (8. 51)	−0. 004 (−1. 59)
GGE_in × *Context*	0. 162 *** (4. 01)		0. 146 *** (5. 78)
GGE_out × *Context*		0. 070 *** (10. 09)	0. 012 (1. 20)
Context	0. 159 ** (2. 29)	0. 172 (1. 34)	0. 157 (1. 64)
控制变量	是	是	是
常数项	−1. 684 *** (−3. 68)	−11. 650 *** (−12. 87)	−3. 012 *** (−5. 47)
R^2	0. 286	0. 078	0. 656
N	17470	18012	18182
Context	*Pollution*		

注：( ) 中是 *T* 值，*T* 值代表模型中变量回归系数的标准化值。* 、** 和 *** 分别代表 10% 、5% 和 1% 的显著性水平。R^2 代表回归模型的拟合优度值。*N* 代表回归模型所使用的样本观测值。

表4-9 中第（7）～（9）列是检验处于不同行业的企业参与绿色治理过程中锚定效应的回归结果。在模型（7）和模型（8）中，*GGE_in* × *Context*（*Pollution*）、*GGE_out* × *Context*（*Pollution*）的回归系数均显著为正，而在模型（9）中，仅有 *GGE_in* × *Context*（*Pollution*）的系数显著为正，*GGE_out* × *Context*（*Pollution*）不存在显著作用。这说明仅存在内在锚或仅存在外在锚的情况下，重污染企业呈现的内在锚效应或外在锚效应更强，而在同时存在内在锚和外在锚的情况下，内在锚占主导，此时行业特征并

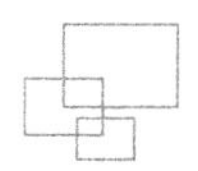

未影响外在锚效应，而是通过影响内在锚效应发挥作用。可以看出，与非重污染企业相比，重污染企业参与绿色治理具有更强的锚定效应，从而验证假设 6。

4.4　稳健性检验与扩展性研究

4.4.1　稳健性检验

为验证上述结论的稳健性，本章还进行了如下检验。

1. 固定效应模型检验

上述研究结论可能会存在内生性问题。对于企业参与绿色治理的锚定效应，可能会受到某些不可观测因素（企业特征等）影响。例如，对于内在锚效应，测试企业内在锚（企业之前的绿色治理经验）是否影响企业当前的绿色治理实践，二者之间的显著影响可能是由于焦点企业本身的规模等特征所致，外在锚效应也可能因遗漏的焦点企业特征变量，进而影响外在锚效应。因此，本章使用固定效应模型解决内生性问题，结果见表 4-10 中模型（1）～（3），可以看出结果并未发生实质性改变，表明在控制公司特征方面的差异之后，上述结论仍然成立。

表 4-10　内生性处理

变量	(1)	(2)	(3)	(4)	(5)	(6)
	GGE	*GGE*	*GGE*	*GGE*	*GGE*	*GGE*
GGE_in	0.266 *** (44.93)		0.265 *** (44.97)	0.714 *** (56.03)		0.714 *** (56.03)
GGE_E					0.372 *** (3.18)	0.123 * (1.78)
GGE_out		0.016 * (1.83)	0.015 (0.99)	0.000 (0.08)	0.005 (1.56)	0.000 (0.06)
控制变量	是	是	是	是	是	是
常数项	-0.729 (-1.14)	-0.848 (-1.21)	-0.233 (-0.36)	-3.085 *** (-5.65)	-14.488 *** (-14.68)	-2.718 *** (-4.83)

续表

变量	(1)	(2)	(3)	(4)	(5)	(6)
	GGE	*GGE*	*GGE*	*GGE*	*GGE*	*GGE*
R^2	0.123	0.011	0.130	0.649	0.075	0.649
F	48.330	3.954	50.359	117.863	18.527	115.297
N	17470	18012	18182	18182	18182	18182

注：( ) 中是 *T* 值，*T* 值代表模型中变量回归系数的标准化值。*、** 和 *** 分别代表 10%、5% 和 1% 的显著性水平。R^2 代表回归模型的拟合优度值。*N* 代表回归模型所使用的样本观测值。*F* 代表使用回归模型得到的统计值。

2. 内在锚效应的再检验

如果企业参与绿色治理完全是由企业自身的财务和公司治理特征决定的，那么企业在连续两次绿色治理中的绿色支出本身就具有一致性。例如，盈利能力好的企业更可能参与绿色治理。此时，本章发现企业在首次参与绿色治理中的绿色支出对于其在第二次绿色治理中的绿色支出的影响就不是锚定效应。为了更好地检验绿色治理中的锚定效应是否存在，本章借鉴祝继高等（2017）的做法，采用如下研究设计：首先，利用企业在首次绿色治理的财务数据和公司治理数据来估计绿色治理模型的系数值；然后，将企业的财务数据和公司治理数据代入上述模型估算出企业当期绿色治理的预测值（*GGE_E*）；最后，将企业第二次参与绿色治理的预测值和企业在首次绿色治理中的实际绿色支出值作为控制变量放入检验内在锚和外在锚的双锚效应模型中进行回归，如果控制了企业第二次参与绿色治理的预测值，内在锚仍然显著，则说明前述的发现的确是内在锚效应。结果见表 4-10 中模型（4）～（6），可以看出控制了企业首次参与绿色治理中的财务和公司治理动机之后，企业参与绿色治理的内在锚效应仍然存在。

3. 变量替代检验

本章还使用以下方法进行变量替代：①使用绿色支出与营业收入的比例作为企业参与绿色治理的替代变量；②重新界定高管，由于管理层属于企业主要的决策实施者，因此，将高管界定为管理层人员，然后根据其联结企业等重新构建样本；③使用同年度企业所在行业的其他企业绿色支出均值的自然对数作为外在锚值进行检验。结果并未发生实质性变化。

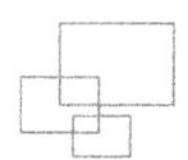

4.4.2　扩展性研究

1. 企业参与绿色治理锚定效应的经济绩效

本章进一步考察存在锚定效应的情况下，企业参与绿色治理具有怎样的经济绩效，即企业参与绿色治理后的第二年的经济绩效的变化情况。本章借鉴姜广省等（2021）的做法，采用经过行业调整后的增量 *DROA* 作为经济绩效。由表 4-11 可以看出，第（1）列表示检验存在内在锚效应的情况下企业参与绿色治理的经济绩效，$GGE \times GGE\_in$ 未达到显著性水平，这说明企业参照之前的经验来实施绿色治理并不会提高未来的经济绩效；第（2）列表示检验存在外在锚效应的情况下企业参与绿色治理的经济绩效，$GGE \times GGE\_out$ 未达到显著性水平，这说明企业参照联结企业的经验来实施绿色治理并不会提高未来的经济绩效；第（3）列检验内在锚和外在锚存在的情况下企业参与绿色治理的经济绩效，$GGE \times GGE\_in$ 和 $GGE \times GGE\_out$ 未达到显著性水平，这说明企业参照之前的经验来实施绿色治理并不会提高未来的经济绩效。上述结论说明，企业在首次参与绿色治理时，更多是受限于联结企业“合法性认同”而表现出一定的盲从性和“倒逼”行为，从而并没有提高企业的经济绩效，企业在第二次参与绿色治理时，更多是参照自身前期绿色治理经验“锚值”的影响，而并非是由经济动机导致的。李维安等（2019）发现绿色治理虽然不能带来短期利润，但却有助于提高企业长期价值。姜广省等（2021）等发现企业参与绿色治理能够增加绿色投资者的认同，从而有利于企业长期经营绩效。但是，这些研究都没有区分不同因素驱动的绿色治理参与决策的经济后果。本章的研究表明，绿色治理中的内在锚效应、外在锚效应会影响企业参与绿色治理，但并没有显著提高企业未来的经济绩效。

2. 企业参与绿色治理锚定效应的绿色治理绩效

在前文的分析中，本章发现企业在参与绿色治理中存在显著的内在锚效应和外在锚效应。如果联结企业通过参与绿色治理有效帮助企业提升绿色治理绩效，那么受到严峻环境压力的企业也会出于环境效益的考虑进行首次参与绿色治理，从而表现出联结企业的绿色支出会显著影响焦点企业

的绿色支出。另外，如果企业在首次参与绿色治理后有效提升了自身的绿色治理绩效，那么企业在第二次参与绿色治理时也会出于环境效益的考虑来进行决策，从而表现出企业首次参与绿色治理显著影响第二次参与绿色治理。本章采用Janis-Fadner系数来计算企业绿色治理绩效（GGP），借鉴姜广省等（2021）的做法，测量为 $GGP=(p^2-p\times|q|)/r^2$，如果 $p>|q|$；$GGP=(p\times|q|-p^2)/r^2$，如果 $p<|q|$；$GGP=0$，如果 $p=|q|$。其中，p 代表正面得分，包括是否通过ISO14000等认证（是为1，否为0），是否获得绿色奖励（是为1，否为0），是否通过绿色审批（是为1，否为0）；q 代表负面得分，包括是否存在环境行政处罚等事件（是为−1，否为0）；$r=p+|q|$。GGP 取值范围为［−1，1］，越接近于1，表示绿色治理绩效越高。

表4-11的第（4）～（5）列检验的是参与绿色治理锚定效应的绿色治理绩效。第（4）列表示检验存在内在锚效应的情况下企业参与绿色治理的绿色治理绩效，$GGE\times GGE\_in$ 未达到显著性水平，说明企业参照之前的经验来实施绿色治理并不会提高未来的绿色治理绩效；第（5）列检验存在外在锚效应的情况下企业参与绿色治理的绿色治理绩效，$GGE\times GGE\_out$ 未达到显著性水平，说明企业参照联结企业的经验来实施绿色治理并不会提高未来的绿色治理绩效；第（6）列检验内在锚和外在锚都存在的情况下企业参与绿色治理的绿色治理绩效，$GGE\times GGE\_in$ 和 $GGE\times GGE\_out$ 均未达到显著性水平，说明企业参照之前的经验来实施绿色治理也没有提高绿色治理绩效。上述结论说明，企业参与绿色治理中的内在锚效应和外在锚效应均会影响企业参与绿色治理，但并没有显著提高企业未来的经济绩效和绿色治理绩效。正如锚定选择通达机制所预测的企业在首次参与绿色治理时，会根据联结企业的绿色治理（外在锚）来选择本身的绿色治理行为，但是这种选择可能存在盲目性，而根据锚定和调整启发式所预测的，企业会根据前期绿色治理中“锚值”（内在锚）来调整其之后的参与绿色治理水平，但是这种调整是不充分的，这两种锚定效应均未能产生积极的经济后果和环境效果。此外，从表4-11中可以看出，绿色支出虽然不能够提高企业的经济绩效，但是在一定程度上提高了企业的绿色治理绩效，这一结论也与姜广省等（2021）的研究相类似。

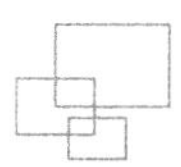

表 4-11　企业参与绿色治理锚定效应的绩效检验

变量	(1) *DROA*	(2) *DROA*	(3) *DROA*	(4) *GGP*	(5) *GGP*	(6) *GGP*
GGE	-0.0004 (-0.09)	0.0009 (0.19)	0.0025 (0.93)	0.0065 *** (2.62)	0.0078 *** (3.18)	0.0051 ** (2.15)
GGE × GGE_in	0.0001 (0.44)		-0.0000 (-0.13)	0.0001 (0.63)		0.0003 (1.55)
GGE × GGE_out		-0.0000 (-0.07)	-0.0002 (-1.19)		0.0003 (1.20)	0.0000 (0.41)
GGE_in	-0.0007 (-0.33)		0.0003 (0.16)	0.0042 *** (3.75)		0.0037 *** (3.43)
GGE_out		0.0033 *** (4.42)	0.0034 *** (4.50)		-0.0001 (-0.41)	-0.0000 (-0.13)
控制变量	是	是	是	是	是	是
常数项	-0.206 (-1.07)	-0.119 (-0.63)	-0.050 (-0.27)	-0.769 *** (-15.70)	-0.857 *** (-16.59)	-0.872 *** (-16.89)
R^2	0.376	0.374	0.376	0.070	0.105	0.121
F	81.935	82.952	82.642	12.957	17.675	19.030
N	17461	18003	18173	17470	18012	18182

注：() 中是 *T* 值，*T* 值代表模型中变量回归系数的标准化值。*、** 和 *** 分别代表 10%、5% 和 1% 的显著性水平。R^2 代表回归模型的拟合优度值。*N* 代表回归模型所使用的样本观测值。*F* 代表使用回归模型得到的统计值。

4.5　本章小结

本章运用中国沪深 A 股上市公司的数据，分析企业参与绿色治理的锚定效应。在将企业绿色支出作为参与绿色治理指标，企业前期的绿色支出作为内在锚，高管联结企业的绿色支出作为外在锚的基础上，实证检验了内在锚效应和外在锚效应。本章研究结果表明：在仅存在内在锚效应时，焦点企业之前参与绿色治理程度越高，则当期参与绿色治理程度越高；在仅存在外在锚效应时，联结企业参与绿色治理程度与焦点企业参与绿色治理程度正相关；在内在锚和外在锚同时存在时，内在锚占优，前期参与绿色治理程度较高的焦点企业当期参与绿色治理程度也可能更高。进一步研究指出，在现金能力越强的企业、国有企业和重污染企业中，企业参与绿色治理的锚定效应更为显著，但企业参与绿色治理的锚定效应并未提升企业的经济绩效和绿色治理绩效。

Chapter5

第5章

董事绿色经历对企业参与绿色治理的影响研究

随着我国进入工业化、城市化高速发展阶段，生态环境和资源约束趋紧等问题更加凸显，严重阻碍人与自然的包容性发展。面对这一难题，十八届五中全会首次把“绿色”作为“十三五”规划五大发展理念之一，并且在中共十九大上，习近平总书记强调“人与自然是生命共同体”“人与自然和谐共生”，而要实现人与自然的包容性发展，参与绿色治理是关键所在。作为绿色治理的重要主体和关键行动者，企业制定绿色治理参与决策的主要目的是让企业将生产经营中的负外部性问题通过内部化的方法予以解决。与其他企业环境治理行为以满足环境规制下的最低环保标准为目标不同，Orsato（2006）指出实施绿色治理更强调污染防治，在生产经营活动中主动进行绿色管理，通过购置环保设施和开展环保技术革新，主动承担与自身能力相匹配的环保责任，并为企业带来经济效益和环境效益的可持续发展。而这项活动的展开离不开“人”的主动参与，使人因接受过“绿色”相关教育（如“环境工程”专业教育）、从事过“绿色”相关工作（如企业环保部部长）等获得的绿色经历也是一种后天特质，同样这一特质的“人”也存在于企业董事会中。根据本章研究样本统计，2006—2019 年平均约有 33.7% 的上市公司的董事具有绿色经历。根据高阶理论，Hambrick 等（1984）认为企业的行为决策会受到决策者自身特质的影响，那么作为企业的决策机构，董事会内部成员的绿色经历是否影响以及如何影响企业绿色治理参与决策，则成为我国企业践行绿色治理理念需要予以回答的重要问题。开展该问题的研究对于深入理解董事内部驱动企业制定绿色治理参与决策、推动绿色发展理念与实践的衔接、提高企业绿色治理能力具有重要的理论和现实意义。

5.1 董事绿色经历对企业参与绿色治理影响的理论基础与研究假设

5.1.1 董事绿色经历影响企业参与绿色治理

根据“高阶理论”，董事的个性化特质会影响诸多方面的企业行为决策，企业绿色治理参与决策亦不例外，董事的绿色经历使其更容易形成“绿色”偏好和承担绿色责任，进而更可能促使企业参与绿色治理。

第一，董事的绿色经历表明其之前从事过或接触过与“绿色”相关的工作或者教育，这有利于其绿色行为偏好的养成，从而塑造其将“绿色”作为主要行动指南和理想状态的管理风格，进而促使企业实施绿色行动。Albarracin 等（2000）指出由于人们比较容易根据自己的经历和所处的环境来判断对某事物的态度，形成自己的行为偏好，因而，董事的决策风格反映了其个人行为偏好和阅历的差异。Cacioppe 等（2008）也指出长期接受“保护环境”等价值观念的熏陶，可能更容易树立起“环保”理念。Cornelissen 等（2008）也指出如果人们已经从事与环保有关的行动，那么他们的未来行动决策可能变得更加环保。

第二，具有绿色经历的董事更可能将较高的道德标准与责任意识付诸其行为决策中，形成内在的自我约束机制，从而更可能制定参与绿色治理决策。Peloza 等（2013）指出绿色活动参与者往往使人具备更高的道德标准和社会责任意识。董事投资于环境保护等社会责任活动的动机不限于单纯的利他主义，还包括提高个人或职业声誉。如 Barnea 等（2010）的研究指出履行环境保护等社会责任可以产生“光环效应”，被称赞为具有社会公德心，帮助管理者获得消费者的支持和媒体正面报道，但是，董事的绿色经历表明其可能更为认同具有很强正外部性的绿色治理理念，是一种利他主义大于利己主义的特质，需要更高的道德修养。这符合中华民族传统

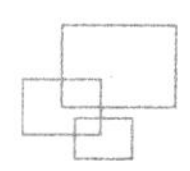

美德主张“以义统利”“先义后利”等强调社会利益高于个人利益的精神，也体现了社会公德对公共生活中基本规范和要求的自我修养。如 Gadenne 等（2009）也发现具有环保意识的管理者出于社会责任和道德约束推动企业绿色创新以减少对环境的负面影响。

第三，由于自然环境和相关战略机会的重要性日益增加，使得董事会成为改善企业环境战略的主要职责之一（Kassinis et al.，2002）。较大的环境压力和信息不对称强烈地刺激企业采取参与绿色治理的方式向公众发出积极环境信号，董事的绿色经历能够减弱董事会与管理层之间的信息不对称，监督企业将更多的资源用于参与绿色治理。黎文靖等（2015）指出企业投资者比较倾向于企业能够制定绿色治理参与决策，这主要是因为参与绿色治理活动能够在一定程度上促进技术创新、提高资源的利用效率获取更高的成本优势或者通过绿色产品取得竞争优势、增强企业的可持续发展能力与提高企业的经济效益，但是受企业绿色治理参与的外部性以及产生效益的不确定性和长期性的影响，具有“自利”和“短视”特征的管理者并不情愿制定和实施企业绿色治理参与的决策。而对于经历过与“绿色”相关工作方面的培训与教育的董事，可以借助相关专业知识和经验来熟悉绿色企业的运作模式和企业绿色治理参与的实践方式，使其更加注重经济发展与自然和谐共生的决策行事风格，从而更为了解管理者在企业参与绿色治理方面的行动方案，在一定程度上降低了董事会与管理层之间的信息不对称，使其更多地参与绿色治理活动。

第四，具有绿色经历的董事更有能力和动力对股权、债券投资者等利益相关者的环境诉求做出回应，从而增加企业的外部融资能力，使企业将更多资源用于参与绿色治理。Sharfman 等（2008）认为股权或债权投资者在制定投资决策时也会考虑企业发生环境事故或环境灾难的风险，以及企业将来可能需要承担的环保成本。例如，2018 年 5 月，辉丰股份（002496）因出现擅自开启清下水排口并间断性排水且排水化学需氧量浓度超过 200 毫克/升（超标 1.61 倍）等环境违法行为被罚 236 万元。王依等（2018）以 2007—2017 年高污染、高能耗的 49 家环保处罚上市公司为样本，研究结果发现，环保处罚公告当日，上市公司股价大幅下跌，整体样本的总市值损失约 191 亿元，其中，华信国际（002018）因废水排污超标

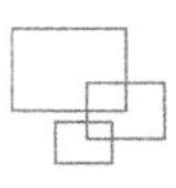

被罚32715元，造成市值损失高达48.5亿元，较高的环保成本严重损害了投资者的权益。而绿色经历的董事倾向于依赖通过多元治理主体相互协作来实现目标，可能不会高估或低估自己处理环境、生态问题时的能力，特别是对于利益相关者提供资金等战略资源的支持，他们更有动力回应利益相关者的要求。同时，Bansal 等（2000）、Buysse 等（2003）分别指出对环境、生态问题的认知、价值观和经验能帮助董事认识到环境问题的重要性，以及掌握的环保信息越多，也就越熟悉股权或债权投资者等利益相关者在环境问题的利益诉求。Banerjee（2001）发现董事认为环境问题很重要时，会将环境责任纳入企业战略的较高层次，试图从中寻找企业发展和创建竞争优势的机会，因此具有绿色经历的董事更有能力回应利益相关者的要求，从而拓宽投资者支持的渠道，增加企业的外部融资能力来缓解融资约束。Chava（2014）用投资者偏好来解释不承担环境责任的企业吸引较少的机构投资者，从而具有较高的融资成本。企业进行绿色投资的经济效益或社会效益具有长期、不确定性，获得较多投资者支持的企业董事往往具有更多的安全感和自信心，从而又会促使企业更愿意制定绿色治理参与决策。基于此，本章提出如下假设。

假设1：具有绿色经历的董事比例越高的企业越可能参与绿色治理。

5.1.2 董事绿色经历影响企业参与绿色治理的异质性

现有研究指出个人特质作用的发挥可能会受到不同情境的影响（Meyer et al.，2010）。在情境影响程度较高的情况下，特定规则或规范约束规定了适当的行为，不利于个人特质发挥作用，而在较弱的情况下，人们更能根据自己的特质行事。Mischel（1977）指出当人们对情境有相似的理解，对情境中最合适的反应有一致的预期，看到可接受的反应动机，并认为自己具备构建和执行反应所需的技能时，情况可能会变得更强。因此，本章从以下情境来探究董事绿色经历与企业参与绿色治理之间的关系强度。

1. 规制压力的异质性影响

在企业参与绿色治理方面，董事绿色经历作用的发挥可能会受到董事任职地区规制压力的影响。作为正式制度的典型代表，规制主要是通过政

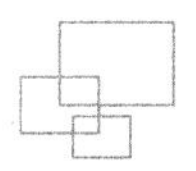

府相关部门制定的法规、政策等具有强制法律细则来约束企业行为（Scott，1995）。现有研究指出包括污染治理在内的投资决策都会受到企业规制压力的影响（Gray et al.，2003）。毕茜等（2012）指出《上市公司环境信息披露指南》的出台有助于提高企业环境信息披露。唐国平等（2013）认为随着环境规制压力的增加，企业环保投资出现先降低后增加的 U 形现象。因此，本部分考察具有不同规制压力下的绿色董事与企业参与绿色治理的关系。一方面，在规制压力较强的地区，企业更可能依照国家法律规定实施企业绿色行为，因为政府制定的一系列法规和政策体现更多的是政府态度取向。例如，通过不同地区颁布的相关条例，《辽宁省水污染防治条例》（2018）、《河北省生态环境保护条例》（2020）、《甘肃省固体废物污染环境防治条例》（2021）等，可以看出地方政府对于环境治理的力度和取向，由此形成的规制压力可能会影响企业决策机构——董事会对绿色治理议题的注意力，进而提高这类议题进入董事会会议的概率。此外，在规制压力较大的情况下，企业也无法回避因污染产生高额的环境处罚费，使他们不得不保持较高的环境政策遵守程度，重视自身的绿色行动等绿色治理行为。因此，在此情境下，无论董事是否具有绿色经历，都可能会实施参与绿色治理来降低因环境问题产生的环境风险。另一方面，企业参与绿色治理需要企业花费大量资金去购置环保设施和开展环保技术革新（Orsato，2006），且经济效益或社会效益往往需要跨期实现及较难与其当期绩效匹配（Sinn，2008），在规制压力较低的情况下，董事通常迫于财务目标和竞争压力，或者低估不履行社会责任活动的潜在负面影响而降低实施绿色行为的意愿（Bouslah et al.，2018）。而具有绿色经历的董事更可能将自己的绿色行为偏好与责任意识付诸其行为决策中，形成内在的自我约束机制，从而更可能促使企业参与绿色治理。基于此，本章提出如下假设。

假设 2a：与规制压力较高的地区相比，处于规制压力较低地区的企业中，董事的绿色经历与企业参与绿色治理的正向影响关系更强。

2. 行业特征的异质性影响

董事绿色经历与企业参与绿色治理之间的关系可能会受到行业特征的影响。一方面，重污染行业不仅面临一系列强制性披露和文件。例如，

《中华人民共和国环境保护法》(2015) 规定重点排污单位应如实向社会公开其主要污染物的排放情况和环保执行情况，并接受社会监督，同时对严重污染环境的工艺、设备和产品实行淘汰制度，同时也更可能受到外界媒体、社会组织的关注（Vergne，2012）。由于这些压力的存在，使得重污染企业更可能会注重自身的形象。此外，《绿色信贷指引》(2012) 明确规定"对国家重点调控的限制类以及有重大环境和社会风险的行业制定专门的授信指引，实行有差别、动态的授信政策，实施风险敞口管理制度"，这更进一步恶化了重污染行业通过市场融资或向银行借贷的环境，所以其通过参与绿色治理来进行绿色转型的动机更强（舒利敏等，2022）。可以看出，无论董事会成员是否具有绿色经历，重污染企业都会倾向于实施参与绿色治理，来提高企业的合法性以及降低金融管制政策带来的债务融资约束，从而会在一定程度上降低董事绿色经历在企业参与绿色治理的影响作用。另外，相对于重污染企业，非重污染企业所受到的外部政策压力以及金融管制的程度相对较低，所以企业更可能追求经济目标而非环境目标。所以在非重污染企业中不具有绿色经历的董事可能更会以追求经济效益最大化为目的而忽略环境效益，而具有绿色经历的董事更为关注企业可持续发展战略，努力满足利益相关者的环境诉求，以获得利益相关者的支持。这在一定程度上降低了企业参与绿色治理的风险，使其更可能通过绿色治理来实现企业的绿色可持续发展。基于此，本章提出如下假设。

假设 2b：与重污染企业相比，非重污染企业中董事的绿色经历与企业参与绿色治理的正向影响关系更强。

3. 机构投资者监督的异质性影响

董事绿色经历与企业参与绿色治理之间的关系可能会受到投资者监督的影响。当外部监督机制越弱时，信息不对称程度越高，面临当期财务业绩压力的管理层的道德风险与代理冲突越大。如 Ghoul 等（2011）发现履行社会责任企业的管理层更愿意披露机构投资者更关注的信息，来降低机构投资者的监督成本。这主要是因为具有信息优势的机构投资者在一定程度上充当了外部监督的角色。管理层在实施绿色投资所产生的经济效益通常需要跨期实现，很难与当期绩效相匹配，而他们又有很强的经济动机，当外部监督机制较弱时，企业管理层更可能将用于绿色治理活动的资源用

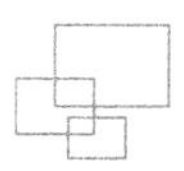

于企业内部自身发展或投资于其他不利于环境的项目。也就是说，尽管具有绿色经历的董事制定了参与绿色治理的决策，但因监督不力使得管理层对董事出现“阳奉阴违”的现象。而由于机构投资者更倾向于环境绩效较高的企业（黎文靖等，2015），所以在机构投资者监督程度较强的情况下，管理层越可能按照机构投资者和董事的意愿来更好地实施绿色治理，从而产生内部具有绿色经历的董事与外部机构投资者出现互补的情况，即具有绿色经历的董事提出并制定有关绿色治理方面的决议，机构投资者监督管理层实施，从而使得企业更可能参与绿色治理。基于此，本章提出如下假设。

假设2c：与机构投资者监督程度较弱的企业相比，在机构投资者监督程度较强的企业中，董事的绿色经历与企业参与绿色治理的正向影响关系更强。

5.2 董事绿色经历对企业参与绿色治理影响的研究设计

5.2.1 样本选择和数据来源

由于测量企业参与绿色治理相关变量时需要借助于上市公司社会责任相关数据，而上市公司从2006年才开始详细披露这一信息，因此本章选取2006—2019年沪深A股上市公司数据作为初始样本。根据研究需要，对初始样本进行剔除金融类和ST类企业，以及为了消除异常值的影响，对相关连续变量按照上下1%进行缩尾处理。

企业参与绿色治理数据，现有研究学者指出企业基于环境治理和绿色管理方面实施的绿色行动、绿色支出以及获得的绿色治理绩效，在一定程度上可以反映出企业绿色治理的参与决策（Scannell et al.，2010）和决策结果，并且多采用企业或政府进行环境治理的资本支出或投资额来度量环境治理，得出环境资本支出越高、环境绩效越好的结论（黎文靖等，2015；胡珺等，2017）。因此，借鉴姜广省等（2021）的做法，相应的数据收集如下：首先，从巨潮网上下载上市公司季度/年度报告和社会责任

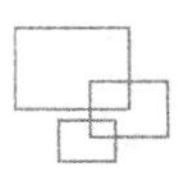

报告，然后通过手工查找是否存在“环境保护”“环境治理”“绿色技术改造”等与绿色行动相关的词；其次，对于一些上市公司虽然没有披露相关绿色行动，但是在报告中披露有关“污染治理费”“绿化费”“生态治理费”等支出，本章也将其界定为存在绿色行动，因为这些支出也主要是由绿色行动造成的；最后，根据相关绿色行动获取支出费用，该支出包括环境治理支出和绿色管理等方面的支出，例如企业通过 ISO14000 系列标准认证、实施绿色生产技术改造等支出，这比仅仅为了满足环境规制下末端治理的环境治理支出范围更广。

董事绿色经历数据来源。首先，从 CSMAR 数据库中下载上市公司董事个人资料数据，然后手工查找董事以前是否接受过“绿色”相关教育或从事过“绿色”相关工作。绿色相关教育是根据其受教育专业是否属于制浆造纸专业、环境专业、环境工程专业、环境科学专业等判断；绿色工作经历是根据其工作履历或岗位是否涉及或属于环保部、环境保护部，环保委员会成员，企业污染防治负责人等判断。最后对于个人信息缺失的公司董事，则从巨潮资讯网、新浪网、上市公司官方网站中下载上市公司年度报告，以及按照上市公司、董事姓名在百度百科上手工查找的方式进行补充。如果董事会成员的个人简历中存在上述经历，则认为企业存在具有绿色经历的董事。

其他数据来源：股权结构（第一大股东持股数量、总股份等）、公司财务特征（总资产、总负债、总资产收益率、经营活动产生的现金流等）、企业特征（最终控制人数据、成立时间、行业特征等）、董事会特征（董事长与总经理兼任情况、董事会成员人数、独立董事人数等）等均来自 CSMAR 数据库；机构投资者持股数量数据来自 WIND 数据库；政府规制压力数据来自《中国分省企业经营环境指数 2020 年报告》。

5.2.2 计量模型和变量说明

1. 计量模型

为检验前文假设，本章构建如下模型：

$$CGG = \beta_0 + \beta_1 \times GreenD + \beta_i \times Controls + \Sigma Ind + \Sigma Year + \varepsilon \tag{1}$$

$$CGG = \beta_0 + \beta_1 \times GreenD \times Z + \beta_2 \times GreenD + \beta_3 \times Z + \beta_i \times Controls + \Sigma Ind + \Sigma Year + \varepsilon \tag{2}$$

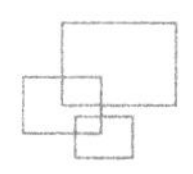

其中，*CGG* 表示被解释变量企业参与绿色治理指标；*GreenD* 表示解释变量董事绿色经历指标；*Z* 表示包括政府规制压力（*Regulation*）、行业特征（*Pollution*）和机构投资者监督（*Inshare*）在内的调节变量；*Controls* 表示控制变量；*Ind* 表示行业效应；*Year* 表示年度效应；β_0 表示模型的截距项；β_1 ~β_3、β_i 表示模型中变量的估计系数；ε 表示随机扰动项。

2. 变量设定

（1）被解释变量。本章被解释变量为企业参与绿色治理指标 *CGG*（Corporate Green Governance），基于现有研究（姜广省等，2021）的做法，将企业参与绿色治理指标测量为企业实施的绿色行动以及相应的绿色支出。其中，绿色行动（*GA*）测量为当企业存在有关绿色治理的相关行动时，取值为 1，否则为 0；绿色支出（*GE*），使用绿色行动所产生支出作为绿色支出的代理变量，为控制企业规模差异性影响，使用年末总资产进行标准化处理。

（2）解释变量。本章解释变量为董事绿色经历（*GreenD*），将董事绿色经历测量为企业董事会中具有绿色经历董事人数与董事会人数的比例。

（3）情境变量（*Z*）。包括：①规制压力（*Regulation*），参照李长青等（2016）、蒋尧明等（2019）的做法，本章使用王小鲁等（2020）编著的《中国分省企业经营环境指数 2020 年报告》中“政策公开、公平、公正”和“行政干预和政府廉洁效率”的指数得分来测量企业注册所在地的政府规制压力程度，指数报告仅公布 2006 年、2008 年、2010 年、2012 年、2016 年、2019 年的得分，对于缺少年度数据，除 2017 年、2018 年使用 2016 年替代，2013 年、2014 年、2015 年使用 2012 年替代外，其余年份使用前年度数据替换，例如 2007 年使用 2006 年替换。②重污染行业（*Pollution*），当企业属于重污染行业时，取值为 1，否则为 0，其中重污染行业包括采矿业，农副食品加工业，食品制造业，酒、饮料和精制茶制造业，纺织业，纺织服装、服饰业，皮革、毛皮、羽毛及其制品和制鞋业，造纸和纸制品业，印刷和记录媒介复制业，文教、工美、体育和娱乐用品制造业，石油加工、炼焦和核燃料加工业，化学原料和化学制品制造业，医药制造业，化学纤维制造业，橡胶和塑料制品业，非金属矿物制品业，黑色金属冶炼和压延加工业，有色金属冶炼和压延加工业，金属制品业，电力、热力、燃气及水生产和供应业等行业。③机构投资者监督（*Inshare*），机构投资者具有较强的外部监督作用（Helwege 等，2007），借鉴王化成等（2015）的做法，本章使用机构投资者持股规模与总股份的比例来测量机构投资者监督程度，持股比例越高，监督程度越大。

（4）控制变量（*Controls*）。借鉴胡珺等（2017）、姜广省等（2021）的研究，本章控制变量如下：股权集中度（*Fshare*），测量为第一大股东持股数量与企业总股份的比例；企业规模（*Size*），测量为企业总资产的自然对数；盈利能力（*Roa*），测量为企业的总资产收益率；负债水平（*Debt*），测量为企业总负债与总资产的比例；增长性（*Growth*），测量为企业年末主营业务收入增长率；企业性质（*Type*），当企业实际控制人是国有性质时，取值为1，否则为0；现金能力（*Cash*），测量为经营活动产生的现金流与总资产的比例；企业年龄（*Age*），企业成立时间的自然对数；两职兼任（*Dual*），当企业董事长和总经理由同一个人兼任时，取值为1，否则为0；董事会规模（*Board*），测量为董事会人数；独立董事比例（*Indd*），测量为独立董事人数与董事会人数的比例；同时还考虑了年度效应（*Year*）和行业效应（*Ind*）。变量定义见表5-1。

表5-1　变量定义

变量	符号	变量定义
绿色行动	*GA*	当企业存在有关绿色治理的相关行动时，取值为1，否则为0
绿色支出	*GE*	企业绿色行动所产生的支出的自然对数
董事绿色经历	*GreenD*	具有绿色经历董事人数与董事会人数的比例
规制压力	*Regulation*	企业注册所在地的“政策公开、公平、公正”和“行政干预和政府廉洁效率”的指数
重污染行业	*Pollution*	当企业属于重污染行业时，取值为1，否则为0
机构投资者监督	*Inshare*	机构投资者持股规模与总股份的比例
股权集中度	*Fshare*	第一大股东持股数量与企业总股份的比例
企业规模	*Size*	企业总资产的自然对数
盈利能力	*Roa*	企业的总资产收益率
负债水平	*Debt*	企业总负债与总资产的比例
增长性	*Growth*	企业主营业务收入增长率
企业性质	*Type*	当企业实际控制人是国有性质时，取值为1，否则为0
现金能力	*Cash*	经营活动产生的现金流与总资产的比例

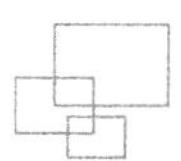

续表

变量	符号	说明
企业年龄	*Age*	企业成立时间的自然对数
两职兼任	*Dual*	当企业董事长和总经理由同一个人兼任时，取值为 1，否则为 0
董事会规模	*Board*	董事会人数
独立董事比例	*Indd*	独立董事人数与董事会人数的比例
行业效应	*Ind*	根据中国证监会的行业分类标准，样本对应的行业作为虚拟变量
年度效应	*Year*	样本对应的年份作为虚拟变量

5.3　董事绿色经历对企业参与绿色治理影响的实证结果与分析

5.3.1　描述性统计和相关性检验

表 5-2 给出的是变量的描述性统计结果。由表 5-2 可以看出，样本中有 1.53% 的上市公司实施绿色行动，并且所产生的绿色支出均值为 2.443，并且标准差为 5.843，这说明上市公司之间的绿色支出存在较大的差异；上市公司中具有绿色经历的董事比例均值为 0.064；另外，规制压力的均值为 3.387，38.8% 的上市公司属于重污染行业，机构投资者监督的均值为 0.273。其他变量的统计结果见表 5-2。

表 5-2　主要变量的描述性统计结果

变量	均值	标准差	中位数	极小值	极大值
GA	0.153	0.360	0	0	1
GE	2.443	5.843	0	0	27.946
GreenD	0.064	0.119	0	0	1
Regulation	3.387	0.320	3.293	2.695	3.995
Pollution	0.388	0.487	0	0	1
Inshare	0.273	0.235	0.219	0	0.935
Fshare	0.352	0.152	0.333	0.003	0.900
Size	21.991	1.322	21.813	14.942	28.636
Roa	0.039	0.062	0.038	−0.261	0.196

续表

变量	均值	标准差	中位数	极小值	极大值
Debt	0.433	0.209	0.428	0.051	0.898
Growth	0.187	0.445	0.114	-0.593	2.885
Type	0.404	0.491	0	0	1
Cash	0.046	0.074	0.045	-0.184	0.251
Age	5.154	0.454	5.231	0	6.611
Dual	0.254	0.435	0	0	1
Board	10.03	2.578	9	4	27
Indd	0.330	0.069	0.333	0	0.800

表5-3给出的是相关性检验矩阵。由表5-3可以看出，无论是Pearson检验还是Spearman检验，具有绿色经历的董事比例与绿色行动（*GA*）和绿色支出（*GE*）均显著正相关。并且*Fshare*、*Size*、*Debt*、*Type*、*Cash*、*Age*、*Board*显著正相关于绿色行动（*GA*）和绿色支出（*GE*），*Growth*、*Dual*、*Indd*显著负相关于绿色行动（*GA*）和绿色支出（*GE*），*Roa*显著负相关于企业绿色行动（*GA*）。此外，Green等（1988）认为相关性系数检验只有超过0.75或者最大方差膨胀因子*VIF*>10才具有严重的多重共线性，而本章控制变量之间相关性系数绝对值的最大值为0.52，所有回归模型*VIF*最大值为1.91，远低于多重共线性风险的建议阈值10。这说明主要变量之间并不存在严重的多重共线性。

表5-3 主要变量的相关性检验矩阵

变量	1	2	3	4	5	6	7
1. *GA*	**1**	1.00**	0.08**	0.06**	0.22**	-0.04**	0.09**
2. *GE*	0.98**	**1**	0.08**	0.07**	0.24**	-0.04**	0.10**
3. *GreenD*	0.07**	0.08**	**1**	-0.03**	0.05**	-0.01	0.01
4. *Fshare*	0.07**	0.08**	-0.03**	**1**	0.16**	0.13**	0.05**
5. *Size*	0.24**	0.27**	0.03**	0.21**	**1**	-0.11**	0.49**
6. *Roa*	-0.01*	-0.01	-0.01	0.14**	-0.03**	**1**	-0.44**
7. *Debt*	0.08**	0.10**	0.01	0.05**	0.47**	-0.38**	**1**
8. *Growth*	-0.02**	-0.02**	0.02**	0.02**	0.05**	0.21**	0.03**
9. *Type*	0.14**	0.15**	-0.09**	0.22**	0.33**	-0.10**	0.30**

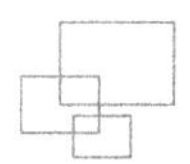

续表

变量	1	2	3	4	5	6	7
10. *Cash*	0.05**	0.06**	-0.02**	0.09**	0.04**	0.36**	-0.15**
11. *Age*	0.05**	0.06**	0	-0.14**	0.20**	-0.13**	0.18**
12. *Dual*	-0.07**	-0.08**	0.02**	-0.05**	-0.17**	0.05**	-0.16**
13. *Board*	0.11**	0.12**	-0.02**	0	0.26**	-0.09**	0.16**
14. *Indd*	-0.03**	-0.03**	0.01	0.06**	-0.04**	0.08**	-0.05**
变量	8	9	10	11	12	13	14
1. *GA*	-0.03**	0.14**	0.05**	0.05**	-0.07**	0.10**	-0.04**
2. *GE*	-0.03**	0.15**	0.06**	0.06**	-0.07**	0.11**	-0.04**
3. *GreenD*	0.03**	-0.09**	-0.01	0.01	0.03**	0.02**	-0.03**
4. *Fshare*	0.02**	0.21**	0.10**	-0.14**	-0.04**	-0.02**	0.05**
5. *Size*	0.05**	0.33**	0.04**	0.24**	-0.18**	0.25**	-0.08**
6. *Roa*	0.32**	-0.17**	0.39**	-0.15**	0.09**	-0.10**	0.08**
7. *Debt*	0.01	0.30**	-0.14**	0.17**	-0.16**	0.16**	-0.05**
8. *Growth*	**1**	-0.08**	0.05**	-0.12**	0.04**	-0.04**	0.04**
9. *Type*	-0.06**	**1**	0.02**	0.14**	-0.30**	0.23**	-0.07**
10. *Cash*	0.01*	0.02**	**1**	-0.01	-0.01*	0.01*	0.01
11. *Age*	-0.04**	0.14**	0	**1**	-0.08**	0.11**	-0.12**
12. *Dual*	0.02**	-0.30**	-0.01*	-0.08**	**1**	-0.15**	0.08**
13. *Board*	0.01	0.23**	0.01*	0.11**	-0.14**	**1**	-0.52**
14. *Indd*	-0.01	-0.07**	0.01	-0.11**	0.08**	-0.45**	**1**

注：对角线（加粗部分）的左下角为 Pearson 相关性，右上角为 Spearman 相关性。* 和 ** 分别代表 5% 和 1% 的显著性水平。

5.3.2　回归结果分析

表 5-4 给出的是董事的绿色经历对企业参与绿色治理影响的回归结果。模型（1）是检验董事绿色经历对企业绿色行动的影响，董事绿色经历的回归系数为 1.299，且在 1% 的水平上显著，这说明董事绿色经历有助于促进企业实施绿色行动；模型（2）是检验董事绿色经历对企业绿色支出的影响，董事绿色经历的回归系数为 3.068，且达到 1% 的显著水平，说明董事绿色经历能够提高企业的绿色支出，可以看出董事的绿色经历能够促使

企业参与绿色治理，假设 1 成立。

模型（3）和模型（4）检验的是规制压力对绿色董事与企业参与绿色治理间关系的影响，可以看出 *GreenD* × *Regulation* 的回归系数均显著为负，说明与处于政府规制压力较高的地区相比，在处于政府规制压力较低的地区中，董事绿色经历与企业参与绿色治理的正向影响关系更强，验证假设 2a。模型（5）和模型（6）检验的是行业特征对绿色董事与企业参与绿色治理间关系的影响，可以看出 *GreenD* × *Pollution* 的回归系数均显著为负，说明与重污染企业相比，非重污染企业中董事绿色经历与企业参与绿色治理的正向影响关系更强，验证假设 2b。模型（7）和模型（8）检验的是机构投资者监督压力对绿色董事与企业参与绿色治理间关系的影响，可以看出 *GreenD* × *Inshare* 的回归系数均显著为正，说明与机构投资者在监督较低的企业相比，在机构投资者在监督较高的企业中，董事绿色经历与企业参与绿色治理的正向影响关系更强，验证假设 2c。模型（9）和模型（10）是将所有情境变量与 *GreenD* 的乘积项放入同一个模型中进行检验，结果显示处于规制压力较低的企业、非重污染企业和机构投资者监督程度较强的企业中，董事绿色经历与企业参与绿色治理的正向影响关系更强。

表 5-4　董事绿色经历和企业参与绿色治理的回归结果

变量	(1)	(2)	(3)	(4)	(5)	(6)
	GA	*GE*	*GA*	*GE*	*GA*	*GE*
GreenD	1.299***	3.068***	5.816***	16.804***	1.670***	3.600***
	(9.89)	(9.41)	(4.06)	(4.81)	(8.95)	(8.85)
GreenD × *Regulation*			-1.308***	-3.956***		
			(-3.16)	(-3.98)		
GreenD × *Pollution*					-0.642**	-1.127*
					(-2.49)	(-1.69)
GreenD × *Inshare*						
Regulation			-0.068	-0.311		
			(-0.60)	(-1.40)		
Pollution					0.805***	2.447***
					(12.61)	(20.27)
Inshare						

续表

变量	(1)	(2)	(3)	(4)	(5)	(6)
	GA	GE	GA	GE	GA	GE
控制变量	控制	控制	控制	控制	控制	控制
常数项	-16.184***	-28.293***	-16.047***	-27.402***	-16.080***	-25.876***
	(-31.32)	(-30.99)	(-25.42)	(-24.06)	(-31.85)	(-30.53)
R^2	0.165	0.157	0.165	0.157	0.170	0.150
Chi2 或 F	3198.502	100.806	3192.640	95.748	3305.171	100.434
N	30273	30459	30143	30329	30273	30459

变量	(7)	(8)	(9)	(10)
	GA	GE	GA	GE
GreenD	1.075***	1.268***	4.965***	13.745***
	(4.56)	(2.59)	(3.27)	(3.90)
GreenD × Regulation			-1.003**	-3.414***
			(-2.33)	(-3.43)
GreenD × Pollution			-0.968***	-1.155*
			(-3.64)	(-1.73)
GreenD × Inshare	1.177**	6.344***	1.099*	7.344***
	(2.03)	(4.11)	(1.80)	(4.69)
Regulation			0.037	0.030
			(0.33)	(0.14)
Pollution			1.004***	2.586***
			(18.20)	(17.93)
Inshare	0.172*	0.335*	0.220**	0.137
	(1.79)	(1.79)	(2.25)	(0.73)
控制变量	控制	控制	控制	控制
常数项	-16.383***	-27.475***	-15.590***	-25.045***
	(-32.33)	(-29.53)	(-25.66)	(-22.91)
R^2	0.162	0.158	0.167	0.155
Chi2 或 F	3178.658	97.337	3273.339	94.500
N	30273	30459	30143	30329

注：() 中是 Z 值或 T 值，Z 值或 T 值代表模型中变量回归系数的标准化值。*、** 和 *** 分别代表 10%、5% 和 1% 的显著性水平。R^2 代表回归模型的拟合优度值。Chi2 或 F 代表使用回归模型得到的统计值。N 代表回归模型所使用的样本观测值。

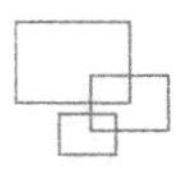

5.3.3 内生性处理和稳健性检验

上文回归分析可能存在内生性问题，因为企业董事是否具有绿色经历可能是非随机的：一方面，绿色经历的董事可能更受到重视绿色行动和绿色支出的企业青睐，即制定绿色治理参与决策的企业更可能聘用具有绿色经历的董事等；另一方面，董事的绿色经历可能会受到某些不可观测因素（行为偏好、绿色管理技能或声誉等）影响，而这些因素又与因变量（绿色行动和绿色支出）相关，如节能环保型企业（更可能制定实施绿色治理的企业）由于具有良好的形象和声誉而更愿意培养绿色经历的董事。这些会导致选择性偏差、遗漏变量等内生性问题。为剔除内生性问题的影响，本章使用以下方法进行分析。

1. 控制公司固定效应

如表 5-5 所示，在控制了公司固定效应之后，董事绿色经历对企业绿色行动和绿色支出仍然显著正相关，表明在控制公司特征方面差异之后，假设 1 仍然成立，遗漏变量问题并未影响本章的研究结论。

2. Heckman 两阶段估计方法

参考 Srinidhi 等（2011）的研究，本章使用滞后一期同行业其他公司具有绿色经历董事的比例均值（*GreenD_ind*）作为 Heckman 两阶段估计中的工具变量，然后根据第一阶段估计的 *imr*（inverse Mills ratio）加入第二阶段的回归方程中进行估计。表 5-5 第（3）列报告了第一阶段的估计结果，发现 *GreenD_ind* 的估计系数显著为正，表明上一年度同行业其他公司拥有绿色经历的董事比例均值的确影响企业绿色经历董事的比例；第（4）列和第（5）列分别报告了第二阶段绿色行动和绿色支出为因变量的估计结果，结果显示，*Imr* 估计系数都显著为负，表明原来的回归分析中确实存在内生性问题；而 *GreenD* 的估计系数在 1% 的水平仍然显著为正，表明考虑了内生性问题之后，上述结论并未发生实质性改变。

表 5-5 内生性处理：固定效应检验和 Heckman 两阶段估计方法

变量	(1)	(2)	(3)	(4)	(5)
	GA	*GE*	*GreenD*	*GA*	*GE*
GreenD	0.711**	1.437***		1.255***	2.944***
	(2.17)	(3.36)		(9.49)	(8.88)

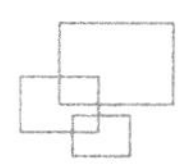

续表

变量	(1)	(2)	(3)	(4)	(5)
	GA	*GE*	*GreenD*	*GA*	*GE*
GreenD_ind			0.304*** (4.34)		
imr				−19.685*** (−3.75)	−40.439*** (−4.43)
控制变量	控制	控制	控制	控制	控制
常数项	—	−18.864*** (−7.65)	0.059*** (3.41)	−1.469 (−0.36)	0.751 (0.11)
R^2	—	0.075	0.102	0.158	0.157
Chi2 或 *F*	2071.553	48.308	62.740	3062.642	97.640
N	13679	30459	28766	28603	28766

注：( ) 中是 *Z* 值或 *T* 值，*Z* 值或 *T* 值代表模型中变量回归系数的标准化值。*、** 和 *** 分别代表10%、5%和1%的显著性水平。R^2 代表回归模型的拟合优度值。*Chi2* 或 *F* 代表使用回归模型得到的统计值。*N* 代表回归模型所使用的样本观测值。

3. 替代变量

（1）本章使用企业绿色支出与总资产的比例替代绿色支出的自然对数，并重复上述检验，结果并未发生实质性改变（见表5-6）。

表5-6　因变量替换：企业绿色支出与总资产的比例

变量	(1)	(2)	(3)	(4)	(5)
	GE	*GE*	*GE*	*GE*	*GE*
GreenD	0.179*** (7.00)	1.064*** (3.36)	0.232*** (6.23)	0.154*** (3.67)	0.872*** (2.76)
GreenD × *Regulation*		−0.256*** (−2.85)			−0.204** (−2.25)
GreenD × *Pollution*			−0.073* (−1.72)		−0.076* (−1.74)
GreenD × *Inshare*				0.246* (1.76)	0.250* (1.75)
Regulation		0.024* (1.87)			0.031** (2.43)

续表

变量	(1)	(2)	(3)	(4)	(5)
	GE	GE	GE	GE	GE
Pollution			0.120*** (20.92)		0.117*** (14.09)
Inshare				0.012 (1.04)	0.013 (1.14)
Controls	控制	控制	控制	控制	控制
常数项	-0.623*** (-11.27)	-0.702*** (-10.13)	-0.577*** (-11.34)	-0.605*** (-11.19)	-0.677*** (-10.52)
R^2	0.059	0.059	0.056	0.053	0.058
F	28.326	26.878	30.727	27.386	25.804
N	30459	30329	30459	30459	30329

注：( ) 中是 *T* 值，*T* 值代表模型中变量回归系数的标准化值。*、** 和 *** 分别代表 10%、5% 和 1% 的显著性水平。R^2 代表回归模型的拟合优度值。*F* 代表使用回归模型得到的统计值。*N* 代表回归模型所使用的样本观测值。

（2）本章使用董事绿色经历滞后一期来替代解释变量，并重复上述检验，结果并未发生实质性改变（见表 5-7）。

表 5-7　自变量替换：董事绿色经历滞后一期

变量	(1)	(2)	(3)	(4)	(5)	(6)
	GA	GE	GA	GE	GA	GE
GreenD	1.203*** (8.92)	2.882*** (8.48)	6.396*** (4.31)	18.940*** (5.12)	1.561*** (8.15)	3.371*** (7.92)
GreenD × Regulation			-1.505*** (-3.51)	-4.616*** (-4.40)		
GreenD × Pollution					-0.603** (-2.27)	-1.196* (-1.70)
GreenD × Inshare						
Regulation			-0.067 (-0.59)	-0.292 (-1.27)		
Pollution					0.784*** (12.19)	2.403*** (18.81)
Inshare						

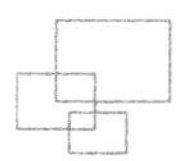

续表

变量	(1)	(2)	(3)	(4)	(5)	(6)
	GA	GE	GA	GE	GA	GE
Controls	控制	控制	控制	控制	控制	控制
常数项	-15.957***	-29.242***	-15.810***	-28.386***	-15.822***	-26.643***
	(-30.99)	(-30.31)	(-25.03)	(-23.69)	(-31.47)	(-29.89)
R^2	0.158	0.157	0.158	0.157	0.162	0.150
Chi2 或 F	3053.502	97.841	3047.327	92.895	3153.681	94.032
N	28606	28775	28488	28657	28606	28775

变量	(7)	(8)	(9)	(10)
	GA	GE	GA	GE
GreenD	0.830***	0.847*	5.480***	15.318***
	(3.46)	(1.67)	(3.48)	(4.08)
GreenD × Regulation			-1.254***	-3.982***
			(-2.81)	(-3.78)
GreenD × Pollution			-0.696**	-1.251*
			(-2.52)	(-1.78)
GreenD × Inshare	1.656***	7.179***	1.371**	7.948***
	(2.78)	(4.42)	(2.19)	(4.81)
Regulation			0.080	0.001
			(0.70)	(0.01)
Pollution			0.799***	2.496***
			(13.47)	(16.37)
Inshare	0.131	0.199	0.199**	0.041
	(1.37)	(1.04)	(2.05)	(0.21)
Controls	控制	控制	控制	控制
常数项	-16.142***	-28.518***	-15.760***	-25.342***
	(-31.97)	(-29.03)	(-25.84)	(-22.05)
R^2	0.154	0.158	0.162	0.156
Chi2 或 F	3034.084	94.341	3149.205	91.733
N	28606	28775	28488	28657

注：() 中是 Z 值或 T 值，Z 值或 T 值代表模型中变量回归系数的标准化值。*、** 和 *** 分别代表 10%、5% 和 1% 的显著性水平。R^2 代表回归模型的拟合优度值。Chi2 或 F 代表使用回归模型得到的统计值。N 代表回归模型所使用的样本观测值。

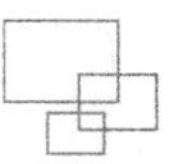

（3）由于房地产行业表现类金融性，参考斯丽娟等（2022）的研究，进一步剔除房地产行业，并重复上述检验，结果并未发生实质性改变（见表5-8）。

表5-8　改变样本：剔除房地产行业

变量	(1)	(2)	(3)	(4)	(5)	(6)
	GA	*GE*	*GA*	*GE*	*GA*	*GE*
GreenD	1.300*** (9.86)	3.070*** (9.28)	5.856*** (4.08)	17.172*** (4.86)	1.680*** (8.94)	3.626*** (8.75)
GreenD × *Regulation*			-1.320*** (-3.18)	-4.062*** (-4.04)		
GreenD × *Pollution*					-0.655** (-2.53)	-1.174* (-1.74)
GreenD × *Inshare*						
Regulation			-0.078 (-0.69)	-0.231 (-1.01)		
Pollution					0.803*** (12.56)	2.323*** (19.15)
Inshare						
Controls	控制	控制	控制	控制	控制	控制
常数项	-16.065*** (-30.75)	-29.420*** (-30.91)	-15.899*** (-24.89)	-28.788*** (-24.20)	-15.966*** (-31.26)	-28.082*** (-31.25)
R^2	0.163	0.159	0.162	0.159	0.167	0.154
Chi2	3062.667	101.416	3057.489	96.189	3162.300	104.149
N	28754	28940	28630	28816	28754	28940

变量	(7)	(8)	(9)	(10)
	GA	*GE*	*GA*	*GE*
GreenD	1.218*** (5.02)	1.309*** (2.65)	4.989*** (3.30)	13.114*** (3.64)
GreenD × *Regulation*			-1.050** (-2.46)	-3.269*** (-3.21)
GreenD × *Pollution*			-0.712*** (-2.67)	-1.229* (-1.81)

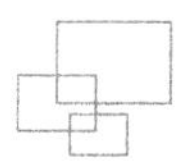

续表

变量	(7)	(8)	(9)	(10)
	GA	*GE*	*GA*	*GE*
GreenD × *Inshare*	1.104 * (1.82)	6.233 *** (3.97)	1.006 * (1.65)	6.988 *** (4.36)
Regulation			0.069 (0.60)	−0.085 (−0.37)
Pollution			0.830 *** (14.21)	2.628 *** (19.19)
Inshare	0.232 ** (2.35)	0.397 ** (2.03)	0.259 *** (2.62)	0.296 (1.51)
Controls	控制	控制	控制	控制
常数项	−16.516 *** (−32.85)	−28.550 *** (−29.48)	−15.897 *** (−25.73)	−27.909 *** (−24.07)
R^2	0.158	0.161	0.167	0.160
Chi2 或 *F*	3183.921	97.870	3168.081	100.983
N	28754	28940	28630	28816

注：( ) 中是 *Z* 值或 *T* 值，*Z* 值或 *T* 值代表模型中变量回归系数的标准化值。*、** 和 *** 分别代表 10%、5% 和 1% 的显著性水平。R^2 代表回归模型的拟合优度值。*Chi2* 或 *F* 代表使用回归模型得到的统计值。*N* 代表回归模型所使用的样本观测值。

5.3.4　扩展性研究

进一步探讨不同类型董事的绿色经历以及董事的不同来源的绿色经历与企业参与绿色治理的关系。根据董事在董事会中的角色作用，将董事绿色经历分为执行董事绿色经历（*GreenD_in*，测量为企业具有绿色经历的执行董事人数与董事会人数的比例）和非执行董事绿色经历（*GreenD_out*，测量为企业具有绿色经历的非执行董事人数与董事会人数的比例）；根据董事绿色经历形成来源，将其分为董事绿色教育经历（*GreenD_edu*，测量为企业具有绿色教育经历的董事人数与董事会人数的比例）和董事绿色工作经历（*GreenD_work*，测量为企业具有绿色工作经历的董事人数与董事会人数的比例）。表 5-9 给出的是不同类型董事的绿色经历对企业参与绿色治理的影响结果。第（1）~（4）列可以看出，无论是执行董事绿色经历还是非执行董事的绿色经历均显著正相关于绿色行动（*GA*）和绿色支出（*GE*），通过系数比较可以看出，与执行董事相比，非执行董事的绿色经历对企业参与绿色治理的影响程度更强。表5-10给出的是董事的不同来源的绿色经历对企业参与绿色治理的影响结果。第（1）~（4）列可以看出，无论是董事绿色教育经历还是董事的绿色工作经历均显著正相关于绿色行动（*GA*）和绿色支出（*GE*），通过系数比较可以看出，与绿色工作经历相比，董事的绿色教育经历对企业参与绿色治理的影响程度更强。

上述结果可能的原因在于：一方面，执行董事负责企业的日常经营活动，非执行董事主要承担监督和建议职能，他们在决策制定方面的话语权和作用存在很大的差异（Haniffa et al.，2005；Kang，2008）。由于非执行董事大部分是由某些领域的专家构成，他们在知识掌握和发挥治理作用方面更具有权威性和客观性（Fama，1980），并且由于非执行董事不参与企业的日常经营管理，他们有更多的时间专注于知识和经验的获取，而具有绿色经历的非执行董事掌握更丰富的绿色知识和经验，更能够为企业在参与绿色治理方面提供专业性的建议，从而可能会降低参与绿色治理的风险，因此，相对于执行董事的绿色经历，非执行董事的绿色经历对企业参与绿色治理的影响程度更强。另一方面，教育经历反映了董事专业知识储备程度，比通过工作经历获得的知识经验更具有系统性，并且教育经历能够培养个体较强的信息获取能力和处理复杂问题能力，以及有助于个体对事关企业发展前途的重要经营决策做出准确分析和科学判断（Bantel et al.，1989；Wiersema et al.，1992）。由于参与绿色治理是一项涉及范围比较大的复杂工程，并且也是企业可持续发展战略中必不可少的关键战略，所以董事的绿色教育经历能够对企业在参与绿色治理过程中的复杂问题进行分析和判断，从而更有效降低决策风险，因此，相对于绿色工作经历，董事绿色教育经历对企业参与绿色治理的影响程度更强。

表5-9 不同类型的董事绿色经历与企业参与绿色治理

变量	（1）	（2）	（3）	（4）
	GA	*GE*	*GA*	*GE*
GreenD_in	1.327***	3.106***		
	（7.59）	（7.23）		

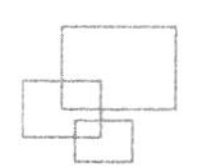

续表

变量	(1)	(2)	(3)	(4)
	GA	*GE*	*GA*	*GE*
GreenD_out			2. 335 *** (8. 50)	5. 238 *** (8. 29)
Controls	控制	控制	控制	控制
常数项	-16. 125 *** (-31. 20)	-28. 229 *** (-30. 87)	-16. 115 *** (-31. 21)	-28. 201 *** (-30. 89)
R^2	0. 164	0. 155	0. 165	0. 156
Chi2 或 *F*	3172. 292	100. 081	3168. 981	100. 221
N	30273	30459	30273	30459

注：() 中是 *Z* 值或 *T* 值，*Z* 值或 *T* 值代表模型中变量回归系数的标准化值。*、** 和 *** 分别代表 10%、5% 和 1% 的显著性水平。R^2 代表回归模型的拟合优度值。*Chi2* 或 *F* 代表使用回归模型得到的统计值。*N* 代表回归模型所使用的样本观测值。

表 5-10　董事不同类型的绿色经历与企业参与绿色治理

变量	(1)	(2)	(3)	(4)
	GA	*GE*	*GA*	*GE*
GreenD_edu	2. 205 *** (5. 17)	7. 218 *** (6. 19)		
GreenD_work			1. 285 *** (9. 51)	2. 937 *** (8. 72)
Controls	控制	控制	控制	控制
常数项	-15. 936 *** (-30. 85)	-27. 909 *** (-30. 57)	-16. 220 *** (-31. 38)	-28. 344 *** (-31. 02)
R^2	0. 163	0. 155	0. 165	0. 156
Chi2 或 *F*	3141. 208	99. 388	3192. 085	100. 702
N	30273	30459	30273	30459

注：() 中是 *Z* 值或 *T* 值，*Z* 值或 *T* 值代表模型中变量回归系数的标准化值。*、** 和 *** 分别代表 10%、5% 和 1% 的显著性水平。R^2 代表回归模型的拟合优度值。*Chi2* 或 *F* 代表使用回归模型得到的统计值。*N* 代表回归模型所使用的样本观测值。

5. 4　本章小结

新的“天人合一”的绿色治理观，不仅强调经济活动应顺应生态法则，而且坚持与自然环境和谐共生的科学发展状态的“和谐共生”理念，已成为我国经济高质量发展的必然选择。那么，如何推动企业参与绿色治理，实现经济与环境的可持续发展，是当前学术界与实务界亟须解决的重要现实问题。同时，作为企业的决策机构，董事会成员的绿色经历在企业绿色治理参与决策中起着关键性的作用。基于此，本章重点研究董事绿色经历对企业绿色治理参与决策的影响，结果发现，董事绿色经历能够促进企业参与绿色治理，即具有绿色经历的董事比例越高，企业越可能实施绿色行动以及提高绿色支出；并且在政府规制压力较低、非重污染企业以及外部监督程度较强的企业中，董事绿色经历与参与绿色治理的正向影响关系更强。扩展性研究发现执行董事和非执行董事的绿色经历均能够促进企业参与绿色治理，但是非执行董事的绿色经历的影响程度更强；董事的教育经历和工作经历均能够促进企业参与绿色治理，但是董事绿色教育经历的影响程度更强。

Chapter6

第6章

CEO绿色经历对企业绿色创新的影响研究①

绿色发展是以效率、和谐、持续为目标的经济增长和社会发展方式。绿色发展与可持续发展在思想上是一脉相承的，是对可持续发展的继承，也是可持续发展中国化的理论创新。尽管国内外对于绿色发展的定义和理解各有侧重，但在本质上均体现了资源环境与经济发展之间的协调关系，要求在追求经济增长的同时，改善生态环境，有效应对气候变化，提高资源的使用效率。绿色发展的结果应该是清洁生产和绿色消费在经济结构和人民生产生活的占比越来越大。从生产端来看，高排放、高污染的生产活动应该占越来越少的比重，环境友好型的生产活动应该占越来越高的比重。从消费端来看，以节约资源和能源、保护环境为特征的消费行为应该成为主要趋势，低能耗、环保、资源循环利用的产品和服务在居民消费中的占比应该越来越高。

尽管近年来我国在推进节能减排、清洁生产、循环经济、绿色消费等方面取得了积极成效，但绿色发展仍然面临一些严重的瓶颈。其中，最突出的一个问题表现在绿色创新能力不足所导致的绿色产品和服务成本过高，使得大量绿色生产和绿色消费的发展仍然严重依赖政府补贴（马骏等，2020）。例如，在现有的技术条件下，大量绿色产品的成本和价格高于非绿色产品（如多数清洁能源的价格仍高于普通家电，生态有机农产品

---

① 本章核心部分已发表于《经济管理》2022年第2期。

价格高于普通农产品，可降解的包装材料价格高于塑料包装材料等），在这种模式下发展绿色经济是不可持续的，政府也不可能长期大量补贴。因此，未来必须要通过大规模的绿色技术创新，明显降低绿色生产、绿色消费等的成本和价格，使得绿色经济活动比非绿色经济活动更有成本和价格方面的优势，只有这样才能真正利用市场机制来推动资源向绿色产业配置，推动投资、生产和消费向绿色化转型，在很少依赖政府绿色补贴的前提下实现经济的可持续发展。

首席执行官的承诺对可持续发展战略的成功实施至关重要。最近的一个趋势是在美国等西方发达国家，越来越多的组织任命首席可持续发展官（CSO）推动组织可持续发展战略的制定和执行。鉴于 CSO 的普遍性和重要性，国外学者已逐渐将个体层次的影响因素纳入可持续发展的研究重点，相比于西方企业，我国企业在实施可持续发展战略时往往会更多地考虑政府政策和制度环境因素的影响，国内学者更多的是基于利益相关者理论和制度理论两种视角来考察绿色创新的影响因素，这主要源于庇古假说下环境规制可以促进企业的绿色创新（郭进，2019），但也有研究指出其影响力正在逐渐减弱（Portugal-Perez，2011）。少数例外主要集中于制度压力下高管的环保意识发挥的中介作用和调节作用（徐建中等，2017）。然而，迄今为止，关于国内企业绿色 CEO 的存在如何直接影响企业绿色创新的实证研究还很少。解决这一差距非常重要，因为企业不满足于合规性而真正将绿色创新纳入企业核心业务战略，更大程度上受制于企业关键成员（如 CEO）的判断，取决于其对可持续发展问题的承诺、注意力倾向等，这对于希望实现和保持企业竞争优势的企业来说变得越来越重要（Wang et al.，2011）。

大量研究表明，个人决策者从组织外部获得的经验，例如通过教育或过去的工作，会影响他们的决策。经验提供了决策者在解决问题时可以应用的思维方式，甚至提供了可以与当前问题相匹配的过去解决方案的存储库（Zhang et al.，2018）。这对高管来说尤其重要，因为当企业做出重要决策时，应该将他们的外部经验发挥出来（Hambrick et al.，1984；Baysinger et al.，1990；Westphal et al.，2001）。而高阶理论包含了联系经验和组织结果的机制，其中最主要的是重复熟悉动作的行为倾向，以熟悉

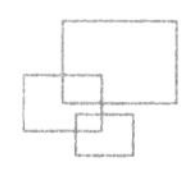

方式分类和考虑问题的认知倾向，以及更自信地评估熟悉动作结果的人力资本，从而使决策者对与其经验相匹配的决策有更大的偏好，并暗示决策者将受到其经验的影响。如有从军经历的高管人员更偏好高风险、高杠杆的企业融资方式以及较高的盈余管理程度（Malmendier et al.，2011；赖黎等，2016；Bernile et al.，2017；权小锋等，2019）；有发明经历的高管能够促进企业研发投入、创新产出、创新效率等（虞义华等，2018）；具有并购经验的高管能够提高企业并购绩效（Field et al.，2017）；经历过大饥荒的高管会进行更多的企业慈善捐赠（许年行等，2016）。在众多经历中，高管的绿色经历会使其更加关注可持续发展问题，从而影响企业的可持续发展承诺，可以向企业传递利益相关者的需求，并提高企业对特定可持续发展问题的关注，进而采取相应的环境响应行为。因此，高管具有绿色经历的企业能否充分发挥自身绿色经历的经验优势，促使企业超越合规进入更具战略性阶段，从而促进企业绿色创新？具有绿色经历的高管与企业绿色创新的关系是否会受到产权性质、重污染行业、制度环境等因素的影响？对以上问题的研究，有助于拓宽企业绿色创新研究视角，为绿色经历高管内部驱动企业绿色创新提供实证方面的经验证据，因而具有重要的理论和现实意义。基于此，本章以 2003—2017 年沪深 A 股上市公司为样本，探讨 CEO 绿色经历能否影响企业绿色创新行为及其绩效。以期为企业高管与绿色创新研究提供重要补充，为推动“构建市场导向的绿色技术创新体系”政策落地提供微观经验支撑。

6.1　CEO 绿色经历对企业绿色创新影响的理论基础与研究假设

6.1.1　CEO 绿色经历影响企业绿色创新

高阶理论认为，CEO 可以通过过去的教育和工作经历形成不同特质，这一特质在一定程度上影响着他们的注意力倾向、认知能力和价值观等心理结构，最终影响企业行为决策选择及其绩效（Hambrick et al.，1984）。相关特质一旦形成，就为决策者提供了在解决问题时可以应用的思维方式，以及可以与当前问题相匹配的过去解决方案存储库（Zhang et al.，2018），进而产生重复熟悉动作的行为倾向，或以熟悉方式分类和考虑问题的认知倾向，从而使得决策者更偏好于与其经历相匹配的决策。同样，CEO 绿色经历会使其更加关注可持续发展问题，从而影响企业的可持续发展承诺，可以向企业传递利益相关者的需求，并提高企业对特定可持续发展问题的关注，进而采取相应的环境响应行为。基于此，本章认为，CEO 绿色经历可能通过以下方面影响企业绿色创新。

首先，公司可持续性决策在很大程度上反映了 CEO 对环境的理解及其对环境的关注程度（Hambrick et al.，1984）。注意力是一种稀缺资源，受个体时间、精力以及企业资源限制，CEO 倾向于缩小他们对更具价值或合法性问题的关注范围（Haas et al.，2015）。具有绿色经历的 CEO，不仅具有较高道德标准和社会责任意识，而且对可持续发展问题给予较多关注，分配给相关问题的资源和管理支持也就更多，从而减少这些问题发生的风险，有利于取得预期成果。已有研究表明，CEO 注意力在组织中起着重要作用，是创新的关键驱动力，能够加速企业进入新技术市场（Eggers et al.，2009）。绿色创新强调的是创新的可持续性，实施绿色创新的企业已超越合规阶段，进入更复杂和更具潜在回报的发展阶段。CEO 拥有绿色经历，将更熟悉绿色可持续过程中的行动，能够自信地估计这些行动（如开发绿色产品或采用绿色技术）带来的好处，从而在一定程度上降低预期收益的风险性。因此，绿色经历可能通过增加 CEO 对可持续性活动的关注度来促进企业绿色创新。

其次，生产经营活动对环境的影响是当今时代最紧迫的问题之一。旨在改善企业可持续性活动的战略举措，其成功可能取决于企业如何将面临的制度压力内部化（Homroy et al.，2019）。企业面临着来自不同利益相关者越来越大的环境压力，这种压力以不同方式表现出来。例如，政府强制性制度压力以及激励性环境规制促使企业生产经营更具有“绿色化”（Ramanathan et al.，2017）；机构投资者为获得长期收益要求企业从事符合社会期望以及环境合法化的行为（Dyck et al.，2019）；消费者也以“产销者”的角色为企业提供更多绿色偏好信息，希望其产品设计更具“绿色”（Kim，2013）。相比于采取降低合规成本、“漂绿”等象征性环境行动，

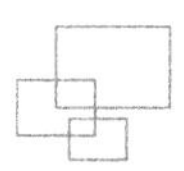

企业进行绿色创新传达环境立场的积极信号，不仅提高了企业环境合法性，也成为应对环境压力和缓解信息不对称的优选方案（潘楚林等，2017）。由于绿色创新可能涉及大量资本支出，回报具有不确定性和长期性，能够及时实施绿色创新并将之转化为专利的企业更能得到投资者的认可（刘柏等，2021）。在这种情况下，获取资源和信息对于企业来说尤为重要（Homroy et al.，2019）。而拥有绿色经历的 CEO 具有对环境影响的认知、绿色价值观导向和良好环境实践经验等“绿色”知识储备，能帮助其从发展循环经济与绿色生态共赢的积极态度思考生态问题重要性，增加其对生态环保信息掌握程度，识别生态问题带来的市场机遇与资源，并且将采取实质性环境行动纳入更高层次公司战略，从中寻找企业发展和创建竞争优势的机会（Banerjee，2001）。所以，面临利益相关者在生态保护上的利益诉求和期望，具有绿色经历的 CEO 更有动力和能力对其做出回应，即具有绿色经历的 CEO 通过及时实施绿色创新，将这些外部制度压力内部化，以获得利益相关者的认同。而获得较多利益相关者支持的企业 CEO 往往更自信，有利于减少 CEO 对创新活动不确定性和高风险性的担忧，增强企业绿色创新风险的事前容忍度（Stiglitz，2014）。同时，也能够将更多的资金和资源运用于绿色创新。综上所述，本章提出如下假设。

假设 1：CEO 绿色经历能够显著促进企业绿色创新。

6.1.2　CEO 绿色经历影响企业绿色创新的异质性

高阶理论强调的是，管理者能够根据所面临情境和决策做出符合自身特质的解释，并以此为基础影响个人行为，同时，也影响他们领导公司的行为（Hambrick et al.，1984）。Meyer 等（2010）指出，情境强度变化关系到其个人特质对行为的影响程度。在强情境下，人们的行为选择受到特定规则或规范约束，不利于个人特质发挥作用；而在弱情境下，人们更能根据个人特质行事。对于 CEO 来说，情境强度可能不仅限制了绿色经历对其个人行为的影响，也限制了对企业行为的影响。

在我国，国有企业与政府的天然关系使其为了“面子工程”，成为政府特定时期实施政策的工具（张国有，2014），其追求绿色创新更可能是响应政府号召的一种规范行为。企业所有制性质反映了一种情境因素，可能影响到 CEO 可以按照自己个人特质行事的程度。同样，重污染企业往往受到国家政策关注，面临更严格审查和更高环境合法性的压力（Chen et al.，2018）。而大多数 CEO 都认为，企业追求绿色创新，增加产品“绿色”含量以保持竞争优势是合乎逻辑的（刘强等，2020），追求绿色创新是企业常用的战略工具，那么，重污染行业性质可能成为约束绿色经历发挥作用的情境。而市场化程度高低在一定程度上反映了知识产权保护等制度环境的强弱（王小鲁等，2017），地区制度环境作为企业外部重要的宏观权变因素，不仅影响着 CEO 个人特质的发挥程度，也对 CEO 的决策能力和行为自由度产生重要影响（杜勇等，2018）。因此，所有制性质、是否为重污染企业以及市场化程度可能构成影响 CEO 绿色经历与企业绿色创新关系的重要情境因素。具体而言：

第一，CEO 绿色经历对不同所有制性质的企业绿色创新影响可能不同。一方面，我国国有企业具有更好的外部环境和发展优势，更可能获得较好的经济效益，发展规模较大。在资源总量一定的情况下，国有企业获得了更多经济资源和政策优惠，挤压了非国有企业的生存和发展空间（孔东民等，2013）。这为国有企业展开绿色创新活动提供了经济基础。此外，国有企业领导人员一般由国资委任命或委派，CEO 的行为选择更容易受政府政策限制，这就使得政府可能会将绿色发展理念强加于国有企业创新决策中。所以，国有企业中，CEO 无论是否具有绿色经历，都可能会实施绿色创新来赢得环境价值的“面子”。另一方面，绿色创新需要长期投入大量资源，资金不足可能是阻碍企业实施绿色创新的关键因素（Biondi et al.，2000）。相对于国有企业，非国有企业往往面临较高的融资约束（余明桂等，2008）。而具有绿色经历的 CEO 更有能力获得利益相关者的资金和资源支持，有效缓解融资困境，企业能将更多资源投入绿色创新。另外，非国有企业受政府干预程度较弱，其 CEO 具有更大自由裁量权，更可能依照其个人特质行事（Meyer et al.，2010），相应地，CEO 的绿色经历可以更有效地发挥作用。因此，本章提出如下假设。

假设 2a：相比国有企业，非国有企业具有绿色经历的 CEO 对企业绿色创新的正向影响作用更强。

第二，CEO 绿色经历对不同污染程度的企业绿色创新影响可能不同。

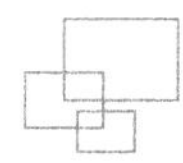

一方面，重污染行业往往面临其是否关注环境问题、履行社会责任的严重质疑（Hudson，2008）。针对重污染企业颁布的一系列强制性披露和监管文件，使其受到更大环境监管和合法性压力。相比非重污染企业，重污染企业受到更多媒体负面报道和较差社会评价（Vergne，2012）。由于这些社会压力，重污染企业对其社会形象更敏感。我国发布的《绿色信贷指引》进一步恶化了重污染企业的债务融资环境，其通过绿色创新来提高产品“绿色”含量的动机较强（刘强等，2020）。因此，无论其 CEO 是否具有绿色经历，重污染企业都更倾向实施绿色创新，以缓解合法性压力和紧缩金融管制政策带来的融资约束，这可能会弱化 CEO 绿色经历发挥作用的空间。另一方面，非重污染企业受到的政策管制和社会合法性压力更少，面临的环境威胁更少，这种情况为 CEO 响应环境的行为选择提供了更大余地。相比于采取降低合规成本、洗绿等象征性的环境行动，企业绿色创新需要承担更大成本进行基础研究。对于不打算实施绿色创新的企业来说，这些成本是沉没成本。在非重污染企业，不具有绿色经历 CEO 的短期偏好或缺乏绿色知识储备可能会因沉没成本而限制其对绿色创新的追求，而绿色经历则能够增加 CEO 对可持续性活动的关注度，更有能力满足利益相关者的环境诉求，获得利益相关者的资金与资源支持。这在一定程度上能够降低企业绿色创新成本，使其更可能追求创新的可持续性，通过绿色创新提高产品“绿色”含量，努力实现可持续合规。因此，本章提出如下假设。

假设 2b：相比重污染企业，非重污染企业具有绿色经历的 CEO 对企业绿色创新的正向影响作用更强。

第三，CEO 绿色经历对处于不同市场化程度地区的企业绿色创新影响可能不同。由于创新的强外部性和信息不对称等问题，企业知识产权和技术信息能否得到法律有效保护，成为企业创新的重要考量（吴超鹏等，2016）。在市场化程度较高地区，市场经济发展水平和信息化程度较高，相关环境法律法规比较完善，制度环境相对较好（王小鲁等，2017），这在一定程度上为企业创新提供了更多保障，企业更愿意实施绿色创新（王馨等，2021）。因而，无论 CEO 是否具有绿色经历，他们都更愿意为新开发的绿色技术申请专利保护，并可能通过专利授权或垄断使用专利而获益。较高的市场化程度可能成为约束绿色经历发挥作用的情境（Mayer et al.，2010）。而在市场化程度较低的地区，制度环境相对较差，法律监管体系还不健全，企业知识产权和技术信息面临侵权风险。知识产权保护较弱的制度环境使得企业不愿意披露信息给外部股东和债权人，企业自身也无法快速获得市场上关于绿色专利的信息资源，加剧了信息不对称，企业面临更严重的外部融资约束（吴超鹏等，2016）。处于这类地区的企业往往并不情愿实施绿色创新。而当其 CEO 具有绿色经历时，则可能凭借其环境专业知识和实践经验，通过绿色创新发出积极信号来获得利益相关者的认同，有效缓解外部融资约束，更能使这类地区企业有充足资金投入绿色创新。因此，本章提出如下假设。

假设 2c：相比市场化程度较高地区，处于市场化程度较低地区的企业，拥有绿色经历的 CEO 对企业绿色创新的正向影响作用更强。

6.2 CEO 绿色经历对企业绿色创新影响的研究设计

6.2.1 样本选择和数据来源

绿色经历涉及 CEO 个人特征数据，CSMAR 数据库中比较完整的相关信息始于 2002 年。根据绿色创新相关数据的可得性，并考虑企业从创新投入到专利申请存在时滞性，基于现有研究（王馨等，2021），本章选择有限分布滞后模型，并赋予滞后一期的自变量和控制变量最大权重来研究绿色创新的影响因素，以减少多重共线、损失自由度等问题。因此，本章主要选取 2002—2017 年沪深 A 股上市公司为初始样本。其中，因变量绿色创新的数据区间为 2003—2017 年，自变量等其他变量的数据区间为 2002—2016 年。用于测量绿色创新的绿色专利数据、用于测量环境绩效的环境表彰等数据来自 CNRDS；CEO 个人信息数据、股权结构数据、董事会结构数据、企业特征数据等来自 CSMAR 数据库；各地区市场化指数来自《中国分省份市场化指数报告（2016）》（王小鲁等，2017）。在剔除金融类公司和 ST 等公司之后，最终获得 29625 个公司—年度观测值。为了消除异常值影响，对连续变量进行了 1% 水平的缩尾处理。依据中国证监会

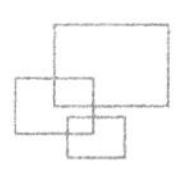

《上市公司行业分类指引》（2012 年修订）二位数行业代码对公司所属行业进行划分。本章统计检验所使用软件为 Stata 13.0。

6.2.2　计量模型和变量说明

1. 计量模型

为了检验前文假设，本章构建如下模型：

$$IPC_{i,t} = \alpha_0 + \alpha_1 \times Green_{i,t-1} + \alpha_j \times Control_{i,t-1} + \varepsilon_{i,t} \tag{1}$$

$$IPC_{i,t} = \alpha_0 + \alpha_1 \times Green_{i,t-1} \times Z_{i,t-1} + \alpha_2 \times Green_{i,t-1} + \alpha_3 \times Z_{i,t-1} + \alpha_j \times Control_{i,t-1} + \varepsilon_{i,t} \tag{2}$$

其中，模型（1）检验 CEO 绿色经历与企业绿色创新，模型（2）是在不同情境下，CEO 绿色经历与企业绿色创新的关系检验。变量设定如下：*IPC* 表示企业绿色创新变量；*Green* 表示 CEO 绿色经历；*Z* 表示包括所有制性质（*Type*），是否属于重污染企业（*Pollution*）以及市场化程度虚拟变量（*Market*）在内的情境变量；*Control* 表示控制变量；下标 i 和 t 分别代表企业和年度；下标 j 表示第 j 个控制变量；α_0 表示模型的截距项；α_1 ~ α_3、α_j 表示模型中变量的估计系数；ε 表示随机扰动项。

2. 变量设定

被解释变量是绿色创新（*IPC*）。由于专利申请表示对应的技术方案已经成熟并投入使用，并且专利申请数量受申请专利机构工作效率等外部因素影响较低（王馨等，2021），因此，本章主要使用上市公司当年申请的绿色专利数作为绿色创新的基础衡量指标。本章主要是从 CNRDS 中的创新专利数据库获得上市公司专利申请信息（包括发明专利申请和实用新型专利申请），以及从绿色专利数据库中获得上市公司绿色专利申请信息，然后，借鉴王珍愚等（2021）的做法，以企业当年申请的绿色专利数量占当年申请的所有专利数量的比例测量绿色创新（*IPC*）。模型主要采用混合 OLS 回归。

解释变量为 CEO 绿色经历（*Green*）。作为企业战略决策的制定与执行者，CEO 在企业创新过程中承担着十分重要的角色。为提高概念界定准确性和测量精度，参照现有研究（姜付秀等，2013；许年行等，2016），本章选取 CEO 为分析对象。从高管个人简历数据中手工查找 CEO 以前是否接受过“绿色”相关教育或从事过“绿色”相关工作，其中，绿色相关教育是根据其受教育专业是否属于制浆造纸专业、环境专业、环境工程专业、环境科学专业等判断；绿色工作经历是根据其工作履历或岗位是否涉及或属于环保部、环境保护部，环保委员会成员，企业污染防治负责人等判断。当企业 CEO 具有绿色经历时，*Green* 取值为 1，否则为 0。

情境变量（*Z*）主要包括：①所有制性质虚拟变量（*Type*），测量为当企业实际控制人是国有性质时，取值为 1，否则为 0。②是否属于重污染企业虚拟变量（*Pollution*），测量为当企业属于重污染行业时，取值为 1，否则为 0。参照黎文靖等（2015）研究，结合中国证监会颁布的《上市公司行业分类指引》（2012 年修订），将采矿业，农副食品加工业，食品制造业，酒、饮料和精制茶制造业，纺织业，纺织服装、服饰业，皮革、毛皮、羽毛及其制品和制鞋业，造纸和纸制品业，印刷和记录媒介复制业，文教、工美、体育和娱乐用品制造业，石油加工、炼焦及核燃料加工业，化学原料和化学制品制造业，医药制造业，化学纤维制造业，橡胶和塑料制品业，非金属矿物制品业，黑色金属冶炼和压延加工业，有色金属冶炼和压延加工业，金属制品业，电力、热力、燃气及水生产和供应业企业定义为重污染企业。③市场化程度虚拟变量（*Market*），本书采用虚拟变量形式测量市场化程度，主要基于以下两个方面：一方面，现有研究（周楷唐等，2017；许金花等，2018）中，针对市场化程度差异的分析大多基于区域整体视角，认为市场化程度的显著性差异是基于区域整体视角（即省份群组）对比，而非每个省份之间的比较，并且部分省份之间的市场化程度相差较小（2012 年四川和吉林市场化指数分别为 6.03 和 6.06），通过整体的区域划分的市场化程度差异才能够对其研究产生明显影响（许金花等，2018）；另一方面，连玉君等（2017）指出，设置虚拟变量的方式能够更准确清楚地体现在不同程度的情境下两个变量之间的关系差异，因此，本章将市场化测量为企业所在地当年市场化指数高于当年全国中位数，取值为 1，否则为 0，并且控制了行业虚拟变量（*Ind*）和年度虚拟变量（*Year*）。

控制变量（*Control*）包含一组变量。良好的公司治理能够提高监督强度，削弱管理层壁垒，增加企业绿色创新投入强度（Amore et al.，2016）。同时，机构投资者更注重企业合法性，要求企业从事符合社会期望的行

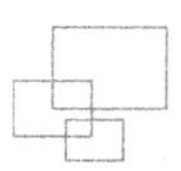

为，更可能监督企业进行绿色创新（Dyck et al.，2019），因此，本章从股权集中度（*Fshare*）、机构投资者监督（*Inshare*）、两职兼任（*Dual*）和董事会规模（*Board*）方面控制公司治理因素。企业绿色专利申请可被视为创新产出，而根据企业生产函数，资本被视为投入要素，那么，企业绿色创新可能受企业规模（*Size*）、盈利能力（*Roa*）的影响，负债（*Debt*）越多，越可能影响企业绿色创新投入力度（齐绍洲等，2018），而企业年龄（*Age*）越长，可能具有越强的创新意识（张杰等，2015）。企业绿色创新的积极性也可能受企业现金能力（*Cash*）和增长性（*Growth*）的影响（李青原等，2020）。因此，本章控制变量如上所述。另外，本章同时考虑了行业效应（*Ind*）和年度效应（*Year*）。变量定义见表 6-1。

表 6-1　变量定义

变量	符号	变量定义
绿色创新	*IPC*	企业当年申请的绿色专利数量占当年申请的所有专利数量的比例
CEO 绿色经历	*Green*	当企业 CEO 具有绿色经历时，取值为 1，否则为 0
股权集中度	*Fshare*	第一大股东持股数量与企业总股份的比例
机构投资者监督	*Inshare*	机构投资者持股规模与总股份的比例
两职兼任	*Dual*	当企业董事长和总经理由同一人兼任时，取值为 1，否则为 0
董事会规模	*Board*	董事会人数
企业规模	*Size*	企业总资产的自然对数
盈利能力	*Roa*	企业的总资产收益率
负债水平	*Debt*	企业总负债与总资产的比例
增长性	*Growth*	企业主营业务收入增长率
现金能力	*Cash*	经营活动产生的现金流与总资产的比例
企业年龄	*Age*	企业成立时间的自然对数
所有制性质	*Type*	当企业实际控制人是国有性质时，取值为 1，否则为 0
重污染企业	*Pollution*	当企业属于重污染行业时，取值为 1，否则为 0
市场化程度	*Market*	企业所在地当年市场化指数高于当年全国中位数，取值为 1，否则为 0
行业效应	*Ind*	根据中国证监会的行业分类标准，样本对应的行业作为虚拟变量
年度效应	*Year*	样本对应的年份作为虚拟变量

6.3 CEO绿色经历对企业绿色创新影响的实证结果分析

6.3.1 变量描述性统计

表6-2是相关变量的描述性统计。由表6-2可以看出，样本中绿色创新均值为0.0470，3.90%的样本企业的CEO具有绿色经历。本章主要变量的描述性统计结果见表6-2。

表6-2 主要变量的描述性统计结果

变量	均值	标准差	最小值	最大值
IPC	0.0470	0.1512	0.0000	1.0000
Green	0.0390	0.1935	0.0000	1.0000
Fshare	0.3647	0.1559	0.0029	0.8999
Inshare	0.2362	0.2325	0.0000	0.9258
Dual	0.2188	0.4135	0.0000	1.0000
Size	21.8288	1.2881	14.9416	28.5087
Roa	0.0381	0.0570	-0.2190	0.1917
Debt	0.4427	0.2089	0.0502	0.9137
Growth	0.2049	0.4448	-0.5906	2.8442
Cash	0.0443	0.0761	-0.1961	0.2572
Age	2.5688	0.4707	-1.7918	3.6288
Board	8.9306	1.8673	3.0000	19.0000

6.3.2 相关性检验

表6-3给出的是变量之间的相关系数。由表6-3可以看出，CEO绿色经历（*Green*）与绿色创新（*IPC*）之间的相关系数为正，且均在1%的水平下显著（无论是Pearson检验还是Spearman检验）。此外，Green等（1988）认为相关性系数检验只有超过0.75或者最大方差膨胀因子*VIF*>10才具有严重的多重共线性，而本章控制变量、情境变量之间相关性系数绝对值的最大值为0.42，*VIF*最大值为1.62，远低于多重共线性风险的建

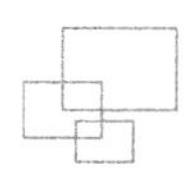

议阈值 10。这说明主要变量之间并不存在比较严重的多重共线性。

表 6-3　相关性系数矩阵

变量	1	2	3	4	5	6	7	8
1. *IPC*	**1.00**	0.11**	−0.02**	0.09**	0.11**	0.06**	−0.02**	0.04**
2. *Green*	0.15**	**1.00**	−0.03**	0.03**	0.03**	0.00	0.02**	0.04**
3. *Fshare*	−0.03**	−0.03**	**1.00**	−0.01	0.16**	0.09**	0.04**	0.03**
4. *Inshare*	0.03**	0.02**	0.08**	**1.00**	0.42**	0.03**	0.13**	−0.06**
5. *Size*	0.03**	0.04**	0.20**	0.39**	**1.00**	−0.04**	0.42**	0.04**
6. *Roa*	0.03**	0.00	0.09**	0.04**	0.00	**1.00**	−0.42**	0.29**
7. *Debt*	−0.03**	0.02**	0.04**	0.16**	0.42**	−0.38**	**1.00**	0.03**
8. *Growth*	0.02*	0.03**	0.03**	−0.07**	0.05**	0.20**	0.06**	**1.00**
9. *Cash*	−0.03**	−0.02**	0.09**	0.06**	0.04**	0.37**	−0.13**	0.03**
10. *Age*	−0.02**	0.00	−0.23**	0.35**	0.22**	−0.10**	0.18**	−0.06**
11. *Dual*	0.05**	0.05**	−0.07**	−0.07**	−0.12**	0.08**	−0.16**	0.01
12. *Board*	−0.03**	−0.03**	0.05**	0.01	0.21**	−0.02*	0.15**	0.00
13. *Indd*	0.03**	0.02**	−0.03**	0.13**	0.10**	0.03**	−0.02**	−0.01
14. *Type*	−0.07**	−0.04**	0.25**	0.14**	0.26**	−0.13**	0.27**	−0.05**
15. *Pollution*	−0.03**	−0.01	0.06**	0.01*	0.03**	0.01	−0.02**	−0.05**
16. *Market*	0.02**	0.03**	0.02**	−0.08**	−0.03**	0.09**	−0.08**	0.00

变量	9	10	11	12	13	14	15	16
1. *IPC*	−0.02**	−0.02**	0.06**	−0.01*	0.05**	−0.07**	−0.06**	0.01
2. *Green*	−0.02**	0.00	0.05**	−0.04**	0.02**	−0.04**	−0.01	0.03**
3. *Fshare*	0.09**	−0.22**	−0.07**	0.03**	−0.03**	0.25**	0.06**	0.03**
4. *Inshare*	0.04**	0.40**	−0.04**	−0.01	0.14**	0.09**	0.00	−0.07**
5. *Size*	0.04**	0.26**	−0.12**	0.19**	0.07**	0.25**	0.03**	−0.03**
6. *Roa*	0.37**	−0.12**	0.10**	−0.02**	0.01*	−0.17**	0.00	0.11**
7. *Debt*	−0.12**	0.17**	−0.17**	0.15**	−0.02**	0.27**	−0.02**	−0.08**
8. *Growth*	0.06**	−0.16**	0.02**	0.03**	−0.02**	−0.05**	−0.03**	0.02**
9. *Cash*	**1.00**	−0.03**	−0.03**	0.07**	−0.04**	0.06**	0.14**	0.02**
10. *Age*	−0.02**	**1.00**	−0.01	−0.08**	0.11**	0.03**	−0.02**	−0.06**
11. *Dual*	−0.03**	−0.01	**1.00**	−0.19**	0.13**	−0.30**	−0.04**	0.08**
12. *Board*	0.07**	−0.07**	−0.18**	**1.00**	−0.42**	0.29**	0.09**	−0.03**

续表

变量	9	10	11	12	13	14	15	16
13. *Indd*	-0.04**	0.12**	0.14**	-0.40**	**1.00**	-0.14**	-0.04**	0.00
14. *Type*	0.06**	0.03**	-0.30**	0.29**	-0.15**	**1.00**	0.05**	-0.11**
15. *Pollution*	0.13**	-0.01*	-0.04**	0.09**	-0.04**	0.05**	**1.00**	-0.14**
16. *Market*	0.01*	-0.06**	0.08**	-0.04**	0.00	-0.11**	-0.14**	**1.00**

注：对角线（加粗部分）的左下角为 Pearson 相关性，右上角为 Spearman 相关性。* 和 ** 分别代表 5% 和 1% 的显著性水平。

6.3.3 回归结果分析

CEO 绿色经历与企业绿色创新的回归结果见表 6-4。表 6-4 中第（1）列是将绿色创新（*IPC*）作为因变量，CEO 绿色经历作为自变量的回归结果，结果指出，CEO 绿色经历与企业绿色创新显著正相关（$\beta = 0.0982$，$p < 0.01$），说明 CEO 绿色经历可以促进企业绿色创新。因此，验证假设 1。

表 6-4 CEO 绿色经历与企业绿色创新的回归结果

变量	(1)	(2)	(3)	(4)	(5)
	IPC	*IPC*	*IPC*	*IPC*	*IPC*
Green	0.0982*** (11.31)	0.1451*** (11.45)	0.1274*** (11.14)	0.1088*** (14.94)	0.1912*** (10.46)
Type × *Green*		-0.0992*** (-5.83)			-0.0947*** (-5.67)
Pollution × *Green*			-0.0761*** (-4.39)		-0.0829*** (-4.62)
Market × *Green*				-0.0175* (-1.76)	-0.0309* (-1.71)
Type		-0.0072*** (-3.45)			-0.0090*** (-4.40)
Pollution			-0.0125*** (-4.04)		-0.0123*** (-4.11)
Marketm				0.0055*** (2.87)	0.0030 (1.60)

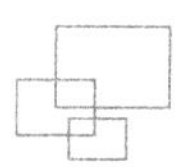

续表

变量	(1)	(2)	(3)	(4)	(5)
	IPC	*IPC*	*IPC*	*IPC*	*IPC*
控制变量	是	是	是	是	是
Ind/Year	是	是	是	是	是
R^2	0.068	0.058	0.071	0.061	0.059
N	26070	26070	26070	26070	26070

注：( ) 中是 *T* 值，*T* 值代表模型中变量回归系数的标准化值。*、** 和 *** 分别代表 10%、5% 和 1% 的显著性水平。R^2 代表回归模型的拟合优度值。*N* 代表回归模型所使用的样本观测值。

表 6-4 第（2）列检验了所有制性质对 CEO 绿色经历与企业绿色创新间关系的影响。可以看出，*Type* × *Green* 的系数显著为负，说明国有企业 CEO 的绿色经历对企业绿色创新促进作用较小，而非国有企业 CEO 的绿色经历对企业绿色创新促进作用较强，验证假设 2a。第（3）列检验了企业是否属于重污染行业对 CEO 绿色经历与企业绿色创新间关系的影响。可以看出，*Pollution* × *Green* 的系数显著为负，意味着重污染企业 CEO 绿色经历对企业绿色创新的正向影响作用减弱，而非重污染企业 CEO 绿色经历对企业绿色创新的正向影响作用变强，验证假设 2b。第（4）列是检验不同市场化程度条件下，CEO 绿色经历对企业绿色创新的影响作用。可以看出，*Market* × *Green* 的系数显著为负，说明在市场化程度较高的企业中，CEO 绿色经历对企业绿色创新的正向影响作用变弱，而在市场化程度较低的企业中，CEO 绿色经历对企业绿色创新的正向影响作用变强，验证假设 2c。第（5）列是将所有情境变量及其与 *Green* 的交乘项放入同一个模型中进行检验，结果显示，在非国有企业、非重污染企业以及市场化程度较低的企业中，CEO 绿色经历对企业绿色创新的促进作用更强。

6.3.4　内生性处理和稳健性检验

前述研究结论可能受到内生性问题的影响。一方面，具有绿色经历的 CEO 可能更受到重视绿色创新的企业青睐，即实施绿色创新的企业更可能聘用具有绿色经历的 CEO 等；另一方面，CEO 绿色经历可能会受到某些不可观测因素（行为偏好、绿色管理技能或声誉等）影响，而这些因素又与因变量（绿色创新）相关，如绿色创新企业（更可能实施绿色创新）由于具有良好形象和声誉而更愿意培养具有绿色经历的 CEO，从而导致选择性偏差、双向因果关系和遗漏变量等内生性问题。本章使用以下方法缓解内生性问题。

（1）公司固定效应。如表 6-5 所示，第（1）列是控制公司固定效应后 CEO 绿色经历对绿色创新的回归结果。*Green* 的估计系数仍然都显著为正，表明在控制公司特征方面的差异之后，假设 1 仍然成立，遗漏变量问题并未影响本章的研究结论。

（2）Heckman 两阶段估计方法。参考周楷唐等（2017）将上一期同行业其他公司学术经历高管的比例作为工具变量，考察本期学术经历高管的影响。本章使用滞后两期同行业其他公司具有绿色经历的 CEO 比例（*Green_ind*）作为工具变量。表 6-5 第（2）列报告了第一阶段估计结果，*Green_ind* 的估计系数显著为正，表明滞后两期同行业其他公司拥有绿色经历的 CEO 比例的确影响企业聘任具有绿色经历 CEO 的概率。表 6-5 第（3）列报告了第二阶段将绿色创新作为因变量的估计结果。结果显示，第一阶段估计的逆米尔斯比率（*iMr*）估计系数都显著为负，表明原回归分析中确实存在内生性问题；而 *Green* 的估计系数在 1% 的水平仍然显著为正，表明考虑了内生性问题之后，CEO 的绿色经历与企业绿色创新的正相关关系仍然成立。

表 6-5　内生性处理：固定效应、Heckman 两阶段和 PSM 模型

变量	(1)	(2)	(3)	(4)
	IPC	*Green*	*IPC*	*IPC*
Green	0.0112* (1.68)		0.0971*** (10.73)	0.0979*** (10.69)
iMr			−0.0660*** (−3.70)	
Green_ind		1.6268** (2.07)		
控制变量	是	是	是	是
R^2	0.007	0.102	0.069	0.123
N	26070	22667	22667	3266

注：( ) 中是 *T* 值，*T* 值代表模型中变量回归系数的标准化值。*、** 和 *** 分别代表 10%、5% 和 1% 的显著性水平。R^2 代表回归模型的拟合优度值。*N* 代表回归模型所使用的样本观测值。

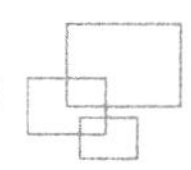

（3）倾向得分匹配法（PSM）。本章采用 PSM 进一步分析 CEO 绿色经历对企业绿色创新的影响。在进行 PSM 回归检验之前，需要进行平稳性检验，结果显示，匹配之后两组样本的控制变量在 10% 水平下没有显著差异，并且解释变量的标准化偏差大幅度降低，说明倾向得分估计和样本的最近邻匹配是成功的。然后，本章进行了 ATT 检验，结果表明，将 CEO 绿色经历变量从其他影响绿色创新变量的因素中独立出来之后，其对绿色创新影响的净效应显著，平衡性检验和 ATT 检验的结果未列示。另外，本章根据匹配后的样本重新进行检验，结果如表 6-5 第（4）列所示，假设 1 结论未变。

（4）跨层次检验。本章假设企业层面的绿色创新变量由企业、行业、地区层面的相关变量来预测，企业基于注册地位置归属于不同地区，基于不同污染程度归属于不同行业，使得样本数据存在企业—地区或企业—行业的两层嵌套关系。一个可能存在的问题是，相同（不同）地区（行业）的企业样本间可能存在组内相关性（组间差异），进而导致普通 OLS 的估计结果有偏（Kreft et al.，1998）。因此，本章使用 HLM 的虚无模型检验绿色创新是否存在组内相关和组间差异问题，其模型为：

$$\text{Level}-1\text{：}Y_{ij}=\beta_{0j}+r_{ij} \tag{3}$$

$$\text{Level}-2\text{：}\beta_{0j}=\gamma_{00}+U_{0j} \tag{4}$$

其中，Y_{ij}表示绿色创新变量；β_{0j}表示 Level－1 模型的截距项；γ_{00}表示 Level－2 模型的截距项；r_{ij}的方差 σ^2 表示绿色创新组内（相同行业或地区）方差；U_{0j}的方差 τ_{00} 表示绿色创新组间（不同行业或地区）方差。仅考虑地区因素的数据嵌套性检验结果为，组内相关系数 $ICC=\tau_{00}/(\sigma^2+\tau_{00})=0.0023$，表示绿色创新的方差 0.23% 来自组间方差，而李文等（2020）指出，*ICC* 取值超过 0.0590 才有必要采用 HLM。并且，随机截距的估计标准差（方差的平方根）0.0055，大于该标准差标准误（0.0001）的 2 倍。但是，该方差近乎 0，意味着绿色创新不存在省份间显著变异。仅考虑行业因素的数据嵌套性检验结果为，组内相关系数 $ICC=\tau_{00}/(\sigma^2+\tau_{00})=0.0542$，接近于 0.059。但随机截距的估计标准差 0.0429 远大于该标准差标准误（0.0065）的 2 倍。然而，*ICC* 值并不能作为判断 HLM 模型的“金标准”。因此，本章分别构建仅考虑地区/行业因素的两层次模型与时间—个体—地区/行业的三层次模型进行检验，检验结果未发生改变。

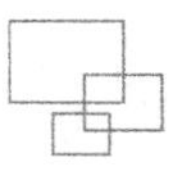

因此，潜在的组内相关和组间差异问题并不影响本章结果。

（5）变量替换和更换模型检验。将绿色经历设置为虚拟变量可能带来的问题是忽视了不同类型绿色经历影响的差异，为此，本章分别测量 CEO 绿色教育经历 *Green_1*（虚拟变量，当 CEO 接受过绿色专业教育时，取值为 1，否则为 0）和 CEO 绿色工作经历 *Green_2*（虚拟变量，当 CEO 从事过绿色相关工作时，取值为 1，否则为 0）的影响作用，检验结果分别如表 6-6 第（1）列和第（2）列所示。此外，为检验结论的稳健性，本章改变了绿色创新的测度方法，分别以绿色专利申请数量 *IPCA*（取自然对数）和绿色创新倾向 *IPC0*（虚拟变量，当企业当年申请了绿色专利时，取值为 1，否则为 0）测量绿色创新，其中前者采用混合 OLS 回归，后者进行 Logit 模型检验，检验结果分别如表 6-6 第（3）列和第（4）列所示，假设 1 结论不变。本章还将 CEO 绿色经历变量滞后两期（*Green_3*）进行检验，检验结果如表 6-6 第（5）列所示，假设 H1 结论不变。考虑到中国情境下，董事长也属于企业中最有影响力的战略决策者，本章以董事长和 CEO 绿色经历（*Green_4*）进行检验，检验结果如表 6-6 第（6）列所示，假设 H1 结论不变。本章还使用了 Tobit 模型检验控制对绿色创新左侧截取样本的偏误，检验结果如表 6-6 第（7）列所示，假设 H1 结论并未改变。此外，本章还对假设 2 进行了相应检验，其结论并未改变。上述检验说明本章的主要结论是比较稳健的。

表 6-6　CEO 绿色经历与绿色创新的回归结果：替换自变量

变量	(1)	(2)	(3)	(4)	(5)	(6)	(7)
	IPC	*IPC*	*IPCA*	*IPC0*	*IPC*	*IPC*	*IPC*
Green_1	0.1369*** (4.16)						
Green_2		0.0992*** (11.13)					
Green			0.3431*** (10.05)	0.9054*** (11.07)			0.2770*** (13.83)
Green_3					0.1041*** (10.91)		

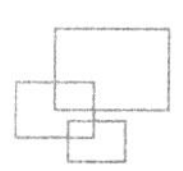

续表

变量	(1)	(2)	(3)	(4)	(5)	(6)	(7)
	IPC	*IPC*	*IPCA*	*IPC0*	*IPC*	*IPC*	*IPC*
Green_4						0. 0839 *** (12. 72)	
控制变量	是	是	是	是	是	是	是
R^2	0. 057	0. 068	0. 160	0. 186	0. 070	0. 069	0. 177
N	26070	26070	26070	25873	22932	26070	26070

注：( ) 中是 *T* 值，*T* 值代表模型中变量回归系数的标准化值。*、** 和 *** 分别代表 10%、5% 和 1% 的显著性水平。R^2 代表回归模型的拟合优度值。*N* 代表回归模型所使用的样本观测值。

6.4 拓展性研究

本章进一步分析 CEO 绿色经历促进企业绿色创新所产生的经济和环境后果。一方面，现有研究（Chang，2011）指出，通过研发绿色产品和过程创新，使运营和产品线更加环保的绿色创新能够增加企业财务绩效和提高竞争优势。但是，绿色创新的复杂性和风险性特点，使得绿色创新改善财务绩效的影响具有长期性（解学梅等，2021）。另一方面，企业绿色创新不仅能够响应市场和政府的环境需求，提高资源利用效率，优化产品生命周期内的环境效益（Huang et al.，2017），而且企业通过减少、处理污染物等方式，控制其排放量对环境的负面影响，以达到环境法规要求，提高企业环境合法性，而合法性又可以作为连接绿色创新与企业可持续发展绩效的桥梁（解学梅等，2021），从而显著提高企业环境绩效。因此，CEO 绿色经历促进企业实施绿色创新可能会改善企业财务和环境绩效。

具体而言，CEO 作为企业核心管理人员，在企业的可持续战略选择、资源配置上起着重要作用。高阶理论认为 CEO 的背景特征会通过影响其行为决策，最终体现到企业绩效上（Hambrick et al.，1984）。对于财务绩效而言，具有绿色经历的 CEO 积极关注政府相关环境政策与其他利益相关者生态利益诉求的前沿信息，不仅给予可持续发展问题更多的关注度和资源支持，来更好地应对同行业合法性的竞争压力，进而减少“绿色违约”成本，而且通过提高企业的环境风险感知，使企业更能察觉环境问题可能引

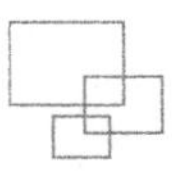

致的经营风险，从而可能提高企业财务绩效。另外，通过绿色创新来满足市场环境需求的先锋企业可以拥有先发优势，通过提供绿色产品收取较高的价格。研究学者指出，通过研发绿色产品和过程创新使运营和产品线更加环保的绿色创新能够增加企业财务绩效和提高竞争优势（Chang，2011），但是绿色创新的复杂性和风险性特点，使得绿色创新改善财务绩效的影响具有长期性（解学梅等，2021）。对于环境绩效而言，具有绿色经历的CEO在其学习或工作期间受到国家环境保护意识的影响，具有较高的道德标准和社会责任感，更可能形成绿色可持续、生态保护与经济利益协调发展的观念，从而倾向于在企业管理过程中做出绿色投资等环境友好型的决策，进而提高企业的环境绩效。另外，部分学者指出，企业绿色创新不仅能够响应市场和政府的环境需求、提高资源利用效率以及优化产品生命周期内的环境效益（Huang et al.，2017），而且能够通过减少污染物排放等对环境的负面影响来达到环境法规的要求（Chiou et al.，2011），同时拥有绿色专利的企业更能向外界传达该企业进行的研究类型以及研究工作的展开速度，向外界传递强烈的环境质量信号，更符合公众预期，从而提高环境合法性，而合法性又可以作为连接绿色创新与企业可持续发展绩效的桥梁（解学梅等，2021），从而显著提高企业绩效。所以，企业绿色创新能够促进企业改善环境绩效。

CEO拥有企业资源配置的自由裁量权，绿色创新活动更需要在其支持下进行，其注意力是绿色创新的关键驱动力（Eggers et al.，2009），因此，CEO的风险承受水平和失败容忍度直接影响着企业的绿色创新水平。而拥有绿色经历不仅增加了CEO对可持续问题的关注度，而且使他们更熟悉此类行动，能够自信地评估其好处，增加了CEO的风险承受水平。另外，具有绿色经历的CEO更倾向于通过多元治理主体相互协作的角度来实现其可持续目标，更有动力和能力对利益相关者的环境诉求做出回应，来拓宽投资者基础的渠道，增强企业绿色创新风险的事前容忍度（Stiglitz，2014），这些都有利于CEO选择高风险高收益的绿色创新项目，提高绿色创新水平，并作用到企业财务绩效和环境绩效上。通过上述理论分析，本章发现，尽管绿色创新会受到很多环境政策因素的影响，但是CEO是绿色创新战略的主要制定者和执行者，其绿色经历会对研发决策的选择产生影响，

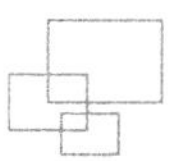

从而进一步影响到企业财务绩效和环境绩效。

本章参考温忠麟等（2014）的研究，构建如下模型：

$$IPC_{i,t} = \alpha_0 + \alpha_1 \times Green_{i,t-1} + \alpha_j \times Control_{i,t-1} + \varepsilon_{i,t} \tag{1}$$

$$Performance_{i,t} = \mu_0 + \mu_1 \times Green_{i,t-1} + \Sigma\delta \times Control_{i,t-1} + \nu_{i,t} \tag{5}$$

$$Performance_{i,t} = \lambda_0 + \lambda_1 \times IPC_{i,t} + \lambda_2 \times Green_{i,t-1} + \Sigma\xi \times Control_{i,t-1} + \zeta_{i,t} \tag{6}$$

其中，*Performance* 表示企业财务绩效和环境绩效。借鉴姜广省等（2021）的做法，采用行业调整的总资产净利润率测量财务绩效（*Roa_ind*）；借鉴王馨等（2021）的做法，采用企业是否获得环境表彰或者通过环境认证测量环境绩效（*Env*），获得或通过了，则取值为 1，否则为 0；α_0、μ_0、λ_0 分别表示每个模型的截距项；α_1、α_j、μ_1、λ_1、λ_2、δ、ξ 分别表示模型中变量的估计系数；ε、ν、ζ 分别表示随机扰动项。

CEO 绿色经历促进企业绿色创新的经济后果回归结果见表 6-7。由表 6-7 第（1）列和第（2）列可以看出，CEO 绿色经历 *Green* 能够促进企业财务绩效提高；加入 *IPC* 后，*IPC* 与 *Green* 系数均显著为正。在使用更为严格的 Sobel 检验和 Bootstrap 检验后，结果表明，Sobel 检验 *Z* 统计量为 2.5144，且 $p<0.05$，以及偏差校正后的非参数百分位 Bootstrap 法（*reps* = 200）估计的间接效应的 95% 置信区间为［0.0022，0.0152］，不包含 0，由此推断显著存在中介效应，其值为 0.0091，中介效应占比为 10.68%。上述结果说明，CEO 绿色经历可以通过促进企业绿色创新提高企业财务绩效。

如表 6-7 第（3）~（6）列所示，本章还使用 $t+1$ 期财务绩效以及 *IPCA* 和 *IPCO* 作为企业绿色创新的代理变量进行检验，结果不变。

表 6-7　CEO 绿色经历、企业绿色创新和财务绩效

变量	(1)	(2)	(3)	(4)	(5)	(6)
	Roa_ind_t	Roa_ind_t	Roa_ind_{t+1}	Roa_ind_{t+1}	Roa_ind_t	Roa_ind_t
Green	0.0856*** (3.26)	0.0764*** (2.91)	0.0654** (2.00)	0.0584* (1.79)	0.096** (2.66)	0.0760*** (2.90)
IPC		0.0930*** (2.82)		0.0708** (1.96)		
IPCA					0.0464*** (6.18)	

续表

变量	(1)	(2)	(3)	(4)	(5)	(6)
	Roa_ind_t	Roa_ind_t	Roa_ind_{t+1}	Roa_ind_{t+1}	Roa_ind_t	Roa_ind_t
IPC0						0.0596*** (4.21)
控制变量	是	是	是	是	是	是
R^2	0.202	0.202	0.130	0.130	0.203	0.202
N	26062	26062	26046	26046	26062	26062
Sobel *Z*	2.5144**		1.8015*		5.1647***	3.9378***
置信区间	[0.0022, 0.0152]		[0.0009, 0.0161]		[0.0105, 0.0235]	[0.0027, 0.0081]

注：( ) 中是 *T* 值，*T* 值代表模型中变量回归系数的标准化值。*、** 和 *** 分别代表 10%、5% 和 1% 的显著性水平。R^2 代表回归模型的拟合优度值。*N* 代表回归模型所使用的样本观测值。

CEO 绿色经历促进企业绿色创新的环境后果回归结果见表 6-8。由表 6-8 第（1）列和第（2）列可以看出，CEO 绿色经历 *Green* 能够促进企业环境绩效提高；加入 *IPC* 后，*IPC* 显著为正，*Green* 不显著。当因变量（*Env*）和自变量（*Green*）为二分类变量时，可以利用回归分析按照逐步法（温忠麟等，2014）进行中介分析。但由于 *Env* 为虚拟变量，使得 Logit 回归方程的尺度不同。因此，借鉴 MacKinnon（2008）提出的方法，利用 Sobel 检验可以检验统计量 $Z=2.8274$，在 1% 水平下显著，间接效应的 95% 置信区间为 [0.0009, 0.0052]，由此推断显著存在中介效应，其值为 0.0031，中介效应占比为 12.52%。另外，使用 Iacobucci（2012）提出的乘积分布法，检验统计量为 2.8170，在 1% 水平下均显著。上述检验结果均说明，CEO 绿色经历能够通过促进企业绿色创新改善环境绩效。如表 6-8第（3）~（6）列所示，本章还使用 $t+1$ 期环境绩效以及 *IPCA* 和 *IPC0* 作为企业绿色创新的代理变量进行检验，结果不变。

表 6-8 CEO 绿色经历、企业绿色创新和环境绩效

变量	(1)	(2)	(3)	(4)	(5)	(6)
	Env_t	Env_t	Env_{t+1}	Env_{t+1}	Env_t	Env_t
Green	0.2133* (1.86)	0.1718 (1.49)	0.2194* (1.90)	0.1717 (1.48)	0.1352 (1.16)	0.1356 (1.18)

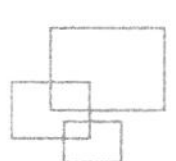

续表

变量	(1)	(2)	(3)	(4)	(5)	(6)
	Env_t	Env_t	Env_{t+1}	Env_{t+1}	Env_t	Env_t
IPC		0.3798 *** (2.92)		0.4226 *** (3.33)		
IPCA					0.1926 *** (6.86)	
IPC0						0.4610 *** (8.55)
控制变量	是	是	是	是	是	是
R^2	0.173	0.173	0.159	0.159	0.176	0.177
N	21692	21692	21676	21676	21692	21692
Sobel *Z*	2.8274 ***		3.1986 ***		5.6673 ***	6.7676 ***
置信区间	[0.0009, 0.0052]		[0.0013, 0.0055]		[0.0161, 0.0331]	[0.0272, 0.0493]

注：( ) 中是 *T* 值，*T* 值代表模型中变量回归系数的标准化值。*、** 和 *** 分别代表 10%、5% 和 1% 的显著性水平。R^2 代表回归模型的拟合优度值。*N* 代表回归模型所使用的样本观测值。

6.5　本章小结

党的十九大报告指出，构建市场导向的绿色创新体系，促进我国经济高质量发展。《国家发展改革委　科技部关于构建市场导向的绿色技术创新体系的指导意见》（发改环资〔2019〕689 号）强调绿色创新日益成为绿色发展的重要动力。大量研究考察了企业高管特质及经历对企业创新等行为的影响，鲜有学者探究 CEO 的绿色经历对企业绿色创新的影响。本章以 CEO 绿色经历为研究视角，基于 2002—2017 年中国沪深 A 股上市公司数据发现：与不具有绿色经历的 CEO 相比，具有绿色经历的 CEO 能够显著提高企业绿色创新；另外，CEO 绿色经历与企业绿色创新之间的关系存在异质性，在非国有企业、非重污染企业和处于市场化程度较低地区的企业中，CEO 绿色经历对绿色创新的促进作用更强。本章扩展性研究发现，具有绿色经历的 CEO 通过提高绿色创新改善了企业财务绩效和环境绩效。

Chapter7

第7章

企业参与绿色治理的价值创造效应研究

一元社会责任论认为，企业唯一的社会责任就是在追求利润最大化的过程中向社会提供物质产品和劳务。如美国著名经济学家弗里德曼（Friedman，1970）认为企业经营唯一的社会责任是追求利润最大化，而享有“企业社会责任之父”之称的鲍恩（Bowen，1953）提出“商人有义务根据社会和公众所期待的价值和目标进行决策或采取行动”，自此大量学者展开了关于企业社会责任的研究。近年来，“昔日白马”康得新百亿造假暂停上市、长租公寓连环“爆雷”等社会负面事件的出现，不仅使企业自身受到严厉处罚，而且引发了公众对企业的信任危机，这进一步促使企业反思承担社会责任对自身发展的重要性。企业社会责任正在经历从“要不要履行”向“如何更好履行”的合意性企业社会责任发展阶段。绿色治理作为企业社会责任的新思路，也是企业转型升级的必然选择。因此，中国企业参与绿色治理能否给自身带来长期盈利的价值效应，成为推动企业可持续发展的重要研究议题。

7.1　企业参与绿色治理价值创造效应的理论基础与研究假设

企业参与绿色治理意味着企业需要抽取部分资源用于环境治理、绿色管理等绿色行为，以及将剩余资源用于自身来获得经济效益与环境效益的可持续发展，使得这一活动不仅具有外部性，而且其决策动机具有复杂性。目前有关企业参与绿色治理的影响后果的研究，主流观点之一便是

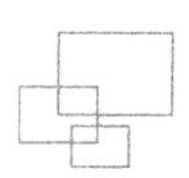

"长期利润驱动"，认为企业参与绿色治理虽然不能带来短期利润，但却有助于提升企业的长期价值（李维安等，2019；姜广省等，2021）；但也存在竞争性假说，传统观点基于"高管理性人"假设认为，企业进行绿色管理等绿色行为是环境规制强加给企业的额外成本（Palmer et al.，1995），因此，改善环境和减少污染也会相应地减少企业的边际收益；而 Lankoski（2000）则认为企业履行社会责任与企业价值之间存在着倒 U 形关系；还有部分学者主张在环境责任和企业价值之间建立一种中立的关系，因为不投资于环境责任的企业将会有更低的成本和更低的价格，而投资于环境责任的企业虽然会有更高的成本，但也能够吸引更多的客户；波特假说认为企业参与绿色治理能够实现成本和收益的"双赢"（Porter et al.，1995）。

7.1.1　企业参与绿色治理的价值创造效应

传统的公司理论框架下，社会公众对企业的固有认知是"资本逐利"，企业履行社会责任也是利己行为，体现了当前企业社会责任"股东至上"的导向（Bremner，1987），即企业履行社会责任依然是功利性的，是以提高企业经济价值为目标而采取的有利于利益相关者的行为。在过去 30 年里，企业越来越多地宣称自己对环境负责，环境的合法性已经成为一个核心问题，尤其是对于那些在环境敏感领域经营的重污染行业企业来说，一些外部行为者往往会仔细审查企业的环境行为，并可以赋予或收回其合法性（Barnett et al.，2008）。企业社会责任已然成为企业获得合法性的一种有效手段（Bansal et al.，2004），并且这种合法性的获得还将影响到企业后续的经济绩效，这一看法得到了利益相关者理论（Freeman，1984）和企业社会责任文献的支持（Godfrey，2005），即企业参与绿色治理可以被视为一种战略性的手段，从而获得一系列的竞争优势。

首先，评估一个企业的环境足迹对公众来说更具挑战性，因为大多数人对企业生产过程的真实环境质量缺乏直接了解，对于企业在多大程度上致力于通过采用清洁技术或实施有效的环境管理措施来改善其环境绩效也充满未知数（Lyon et al.，2011）。也就是说，尽管利益相关者越来越关注环境问题，并可以从污染排名和报告的宣传中获得相关信息，但他们对企业当前的环境质量和行为意图的评估仍然存在大量的信息不对称（King et al.，2005）。因此，更大的环境压力和信息不对称强烈地刺激企业采取可能改善其环境绩效的政策和方案（Boiral，2007），并且他们也希望向公众发出表明自己环境立场的信号，以证明其愿意分配合理的资源来保持与利益相关者之间的长期稳定关系。因此，从信号理论来说，企业参与绿色治理向利益相关者发送了一种信号，传递企业具有利他性行为意愿的信息，这是对不同利益相关者的环保期望和信息需求的回应。例如，减少管理层和资本市场参与者之间的信息不对称，降低利益相关者搜集信息的成本，以及其他交易成本（Dhaliwal et al.，2012）。另外，它也展示出了企业对社会负责的形象，这种形象可以延伸到商业实践的其他方面，例如产品质量和客户服务的高标准（Adams et al.，1998），反过来，这将有助于企业获得更多客户的支持。已有研究发现消费者对环保的支持是激励企业进行更多绿色创新的源泉（Henriques et al.，1999），随着绿色环保意识的加强，消费者也以“产消者”的角色为企业提供更多绿色偏好信息，希望使其产品设计更具“绿色”（Kim，2013）。因此，当企业通过绿色创新开发出更多的绿色产品以满足消费者需求时，不仅可以形成产品的差异化优势，还能凭借良好的绿色形象和声誉，开拓出新的市场（Menguc et al.，2010），这将有助于企业绩效的提升。

其次，制度理论预测了社会刺激如何塑造组织行为（Meyer et al.，1977；DiMaggio et al.，1983；Scott，1995）。根据这一观点，当公司采取遵守制度规定的战略时，他们的公司价值与社会价值一致（Meyer et al.，1977），因此，他们可以获得外部认可或合法性认可（Scott，1995）。合法性指的是广大公众或各种利益相关者在多大程度上认为一个组织的行动是适当和有用的（Scott，1995）。当影响公司或受公司影响的利益相关者认可和支持组织行动时，公司就会获得合法性（Freeman，1984）。因此，获得合法性是组织的战略关注点。企业参与绿色治理不仅意味着用生态环境承载力去约束企业追求经济效益，而且进一步通过多方治理主体，以创新技术、方法和模式促进经济的可持续发展（李维安等，2017b）。企业参与绿色治理可能有助于企业顺应社会对自然生态环境的期望和确保环境的合法性，并且所带来的合法性能够降低企业负面责任的报道，获得更多的资源（Bansal et al.，2004），并享有与合作伙伴更好的交换条件（Pfeffer et

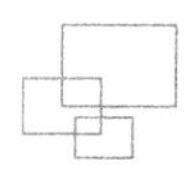

al.，1978），从而使企业可以更有效地竞争，吸引和留住更好的员工（Sharma et al.，2005）。特别是当员工认为所在企业具有更高尚的道德价值观时，其对企业的忠诚度也会增强（Logsdon et al.，2002），这种认同感使得员工更愿意为企业服务，从而减少因员工频繁流动带来的额外成本。基于此，本文提出如下假设。

假设 1：企业参与绿色治理有助于提升企业价值。

7.1.2　企业参与绿色治理的价值创造效应：情境效应分析

正如前文所述，企业参与绿色治理之所以能够提升企业价值，是因为企业参与绿色治理为企业所带来的合法性，因此，有两个机制在企业参与绿色治理与企业价值之间起着非常重要的调节作用：资源依赖程度和企业受关注程度。

首先，根据资源依赖理论，本章认为，由于国有企业与政府的天然关系，使得他们获得了更多的经济资源和政策优惠，挤压非国有企业的生存和发展空间（孔东民等，2013）。非国有企业的这种天然劣势使其生存发展，尤其在获取关键资源方面更依赖于政府，那么对政府依赖程度较高的企业更需要通过构建政治关系来获得企业生存和发展的关键资源，也更有可能从参与绿色治理中受益，因此，本章探讨了企业所有制性质对企业参与绿色治理价值创造效应的调节作用。

其次，在企业参与绿色治理的过程中，利益相关者往往缺乏足够的信息来评估不同企业的环境足迹（Lyon et al.，2011），这种信息不对称不仅影响到企业当前的环境治理，也影响到他们在未来遏制污染的计划，同时这也要求利益相关者只有通过寻求企业当前和未来对自然环境承诺的信号来了解一家企业，并掌握反映其环境足迹的相关信息，才能做出更有意义的回应（McWilliams et al.，2001）。然而，外部利益相关者通常并不是直接受益人（Wang et al.，2018），并且根据注意力资源的有限性，利益相关者可能只是模糊地了解一家企业参与绿色治理的情况，因此需要借助外界的媒体报道来减少企业和利益相关者之间的信息不对称，从而能够更快速地吸引他们对企业的关注度（Rindova et al.，2005），因此，本章探讨了媒体关注度对企业参与绿色治理价值创造效应的调节作用。

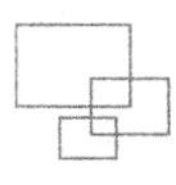

1. 企业所有制性质对企业参与绿色治理价值创造效应的调节作用

本章认为，相对于国有企业，非国有企业更可能从企业参与绿色治理中受益。原因在于，首先，资源依赖理论认为，企业一般无法完全掌握决定其自身发展的重要资源（Hillman et al.，2009）。特别是我国正处于经济转型升级时期，市场经济体制改革还远未达到企业发展所需的主要资源都可以从市场中获取的程度，如项目审批、土地征用等关键资源一般仍由政府进行配置（李召敏等，2016）。由于所有制壁垒，国家长期相关政策均明显偏向国有企业，这使得民营企业普遍存在较为明显的政治关联动机，主动建立与政府部门之间的联系，通过政治关联积极迎合政府的需求，从而降低资源获取过程中存在的风险（Kuo et al.，2017）。即为了克服资源获取上的较大劣势，非国有企业更有动机从事有利于社会的活动，并以此作为与政府官员建立友好关系的一种手段（Marquis et al.，2013）。如 Li 等（2007）发现非国有企业按照政府所传达的政策行事，将为企业提供更大的政治合法性，而这种合法性是企业获取资源、不受限制地进入市场和长期生存的必要条件，对企业价值的长期提升有着不可替代的作用（Wang et al.，2011）。因此，缺乏天然资源劣势的非国有企业更可能将政治合法性视为一种战略需要（Oliver et al.，2008），从而在具有相同水平的参与绿色治理水平下，非国有企业的收益将会更高。基于此，本章提出如下假设。

假设 2：相对于国有企业，非国有企业参与绿色治理更有助于提升其价值。

2. 媒体关注对企业参与绿色治理价值效应的调节作用

媒体关注可以减少企业腐败及违规行为，会对企业财务绩效产生直接影响。一方面，媒体关注作为资本市场外部治理的有效途径，对企业的信息传递起着举足轻重的作用。媒体在影响社会舆论和公众行为方面占据主要地位，企业参与绿色治理对于外部利益相关者而言，往往更多的是一种较为抽象的信息，很难直接引起他们的关注，当媒体更多地报道企业时，能够增加投资者对企业参与绿色治理实践的了解，消费者、投资者等会更重视这类企业，并及时对其正面的社会形象予以支持。企业通过媒体报道进行披露相关信息时会引起广泛的关注，从而降低信息不对称程度，进一步增强投资决策信息的透明度，为企业带来更多的社会资本支持。如研究

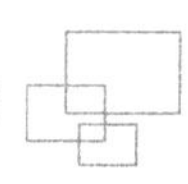

表明，企业可以通过提高媒体关注等外部治理水平来降低融资成本（叶陈刚等，2015）。此外，作为相对独立的监督平台，媒体报道可以充当公众偏好的“制定者”和“监督者”，企业高管可能会出于自身和企业声誉考虑而降低其侵蚀企业利益的动机。如研究表明，媒体监督可以缓解代理问题并减少管理层的在职消费行为（梁红玉等，2012）。因此，媒体关注可能会增加参与绿色治理的企业价值。

另一方面，随着研究的深入，有学者发现媒体报道内容的倾向性所体现的舆论监督会构成企业的合法性压力。为了进行合法性管理，企业会提高参与绿色治理水平，以影响社会公众对企业环境表现的认知（沈洪涛等，2012）。然而，媒体的负面报道会降低企业财务绩效（黄辉，2013），特别是当前新媒体加快了社会事件舆论发酵和传播的速度，对于企业参与绿色治理水平较低的企业，媒体可能会给予更多的关注，并且由于注意力分配中的消极偏向（Smith et al.，2006），即消极刺激比积极刺激更能引起人们的注意，所以更偏好曝光其负面信息，从而放大企业的环境不当行为（即环境行动与环境要求不符），而不是传播对企业一致的环境行动和要求的积极评价（Berrone et al.，2013）。此时，企业在毫无应对措施的情况下可能迫于舆论压力支出更多的非战略性成本，例如罚款和公关费用，忽视企业参与绿色治理的长期战略性，而实施操之过急的调整策略可能会对企业价值造成适得其反的后果，所以，如果媒体关注对企业价值的改善幅度小于使其价值降低的程度，那么媒体关注很可能发挥负向调节作用。基于此，本章提出如下假设。

假设 3：与媒体关注度较高的企业相比，媒体关注度较低的企业参与绿色治理更可能提升其价值。

7.2　企业参与绿色治理价值创造效应的研究设计

7.2.1　数据来源和样本选择

本章选取 2006—2019 年沪深 A 股上市公司数据作为初始样本。根据研究需要，对初始样本进行如下处理：①剔除金融类以及 ST 类企业；②剔除绿色治理缺失的企业；③为了消除异常值的影响，对相关连续变量按照上

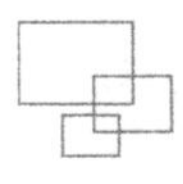

下 1% 进行缩尾处理。

企业参与绿色治理数据，现有研究学者指出企业基于环境治理和绿色管理方面实施的绿色行动、绿色支出以及获得的绿色治理绩效，在一定程度上可以反映出企业绿色治理的参与决策（Scannell et al. , 2010）和决策结果，并且多采用企业或政府对环境的资本支出或投资额来度量环境治理，且得出环境资本支出越高，环境绩效越好的结论（黎文靖等，2015；胡珺等，2017）。因此，借鉴姜广省等（2021）的做法，相应的数据收集如下：首先，从巨潮网上下载上市公司季度/年度报告和社会责任报告，然后通过手工查找是否存在“环境保护”“环境治理”“绿色技术改造”等与绿色行动相关的词；其次，对于一些上市公司虽然没有披露相关绿色行动，但是在报告中披露有关“污染治理费”“绿化费”“生态治理费”等支出，本章将其界定为存在绿色行动，因为这些支出也主要是由绿色行动造成的；最后，根据相关绿色行动获取上市公司年度绿色支出总费用。

其他数据来源：股权结构（第一大股东持股数量、总股份等）、公司财务特征（总资产、总负债、总资产收益率、经营活动产生的现金流等）、企业特征（最终控制人数据、成立时间、行业特征等）、董事会特征（董事长与总经理兼任情况、董事会成员人数、独立董事人数等）等均来自 CSMAR 数据库；媒体报道数据来自 CNRDS。

7.2.2 计量模型和变量说明

1. 计量模型

为检验前文假设，本章构建如下模型：

$$Value = \beta_0 + \beta_1 \times GE + \beta_i \times Controls + \varepsilon \tag{1}$$

$$Value = \beta_0 + \beta_1 \times GE \times Z + \beta_2 \times GE + \beta_3 \times Z + \beta_i \times Controls + \gamma \tag{2}$$

其中，*Value* 表示企业价值；*GE* 表示企业参与绿色治理程度；*Controls* 表示模型控制变量；i 表示第 i 个控制变量；β_0 表示模型的截距项；β_1 ~ β_3、β_i 表示模型中变量的估计系数；ε、γ 表示随机扰动项。

2. 变量设定

被解释变量为企业价值（*Value*）。研究指出企业总资产净利润率（*Roa*）能够较准确反映企业的盈利能力（Wang et al. , 2011），借鉴现有

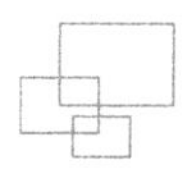

学者（朱丽娜等，2020；姜广省等，2021；解学梅等，2021）的研究，本章将企业价值测量为样本期两年和三年后经行业调整后的 *Roa* 均值 ×100。

解释变量为企业参与绿色治理指标，基于现有研究（姜广省等，2021）的做法，本章将企业参与绿色治理指标（*GE*）测量为企业绿色行动产生的支出的自然对数，并进行对数化处理。

情境变量（*Z*），包括所有制性质（*Type*），测量为当企业实际控制人是国有性质时，取值为 1，否则为 0。媒体关注（*Media*），借鉴现有研究（孔东民等，2013）的做法，本章将其测量为年度上市公司被媒体报道总次数加 1 的自然对数，定义为 ln（媒体报道次数 +1）。

控制变量（*Controls*），借鉴现有学者（姜广省等，2021；解学梅等，2021）的研究，控制变量如下：股权集中度（*Fshare*），测量为第一大股东持股数量与企业总股份的比例；企业规模（*Size*），测量为企业总资产的自然对数；负债水平（*Debt*），测量为企业总负债与总资产的比例；增长性（*Growth*），测量为企业主营业务收入增长率，（本期主营业务收入 - 上一期主营业务收入）/上一期主营业务收入；现金能力（*Cash*），测量为经营活动产生的现金流与总资产的比例；企业年龄（*Age*），测量为企业成立时间的自然对数；两职兼任（*Dual*），当企业董事长和总经理由同一个人兼任时，取值为1，否则为0；董事会规模（*Board*），测量为董事会人数；独立董事比例（*Indd*），测量为独立董事人数与董事会人数的比例；同时还考虑了年度效应（*Year*）和行业效应（*Ind*）。变量定义见表 7-1。

表 7-1　变量定义

变量类型	变量	符号	变量定义
被解释变量	企业价值	*Value*	样本期两年和三年后经行业调整后的 *Roa* 均值 ×100
解释变量	绿色支出	*GE*	企业绿色行动产生的支出的自然对数
情境变量	所有制性质	*Type*	当企业实际控制人是国有性质时，取值为 1，否则为 0
	媒体关注	*Media*	ln（媒体报道次数 +1）
控制变量	股权集中度	*Fshare*	第一大股东持股数量与企业总股份的比例
	企业规模	*Size*	企业总资产的自然对数
	负债水平	*Debt*	企业总负债与总资产的比例

续表

变量类型	变量	符号	说明
控制变量	增长性	*Growth*	企业主营业务收入增长率
	现金能力	*Cash*	经营活动产生的现金流与总资产的比例
	企业年龄	*Age*	企业成立时间的自然对数
	两职兼任	*Dual*	当企业董事长和总经理由同一个人兼任时，取值为1，否则为0
	董事会规模	*Board*	董事会人数
	独立董事比例	*Indd*	独立董事人数与董事会人数的比例
	行业效应	*Ind*	根据中国证监会的行业分类标准，样本对应的行业作为虚拟变量
	年度效应	*Year*	样本对应的年份作为虚拟变量

7.3 企业参与绿色治理价值创造效应的实证结果与分析

7.3.1 描述性统计和相关性检验

表7-2给出的是主要变量的描述性统计结果。由表7-2可以看出，企业绩效的均值为－0.218，企业参与绿色治理程度的均值为15.990，但是标准差为2.621，说明不同的上市公司之间在参与绿色治理方面还存在较大的差异。从股权特征来看，股权集中度的均值为0.376。从企业特征来看，企业规模的均值为22.730，平均年龄为5.223，资产负债率的均值达到47.1%，这说明参与绿色治理的企业负债程度普遍较高，现金能力的均值为0.053，企业增长性的均值为0.168，并且样本中有54.9%为国有企业。从董事会特征来看，有18.8%的上市公司董事长与总经理为同一个人担任，董事会规模平均值为10.697，独立董事比例的规模为0.325。从情境变量来看，54.9%的上市公司为国有企业，媒体关注的平均值为3.738。

表7-2 主要变量的描述性统计结果

变量	均值	标准差	中位数	最小值	最大值
Roa	－0.218	0.639	－0.201	－5.663	4.136

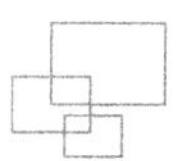

续表

变量	均值	标准差	中位数	最小值	最大值
GE	15.987	2.621	15.925	0.806	27.946
Fshare	0.376	0.160	0.360	0.022	0.900
Size	22.730	1.472	22.518	17.971	28.636
Age	5.223	0.397	5.293	2.485	6.172
Debt	0.471	0.195	0.483	0.051	0.897
Cash	0.053	0.068	0.052	-0.179	0.252
Growth	0.168	0.417	0.096	-0.608	2.818
Dual	0.188	0.391	0	0	1
Board	10.697	2.842	10	5	26
Indd	0.325	0.069	0.333	0	0.800
Type	0.549	0.498	1	0	1
Media	3.738	1.392	3.638	0	9.279

表 7-3 为企业参与绿色治理价值创造效应的相关性系数矩阵。由表 7-3 可以看出，无论是 Pearson 检验还是 Spearman 检验，企业参与绿色治理程度（*GGE*，绿色支出）显著正相关于企业价值（*Roa*）。此外，股权集中度（*Fshare*）、企业规模（*Size*）、企业年龄（*Age*）、现金能力（*Cash*）、两职兼任（*Dual*）、媒体关注（*Media*）显著正相关于企业价值（*Roa*），但是负债水平（*Debt*）、董事会规模（*Board*）、所有制性质（*Type*）显著负相关于企业价值（*Roa*）。此外，Green 等（1988）认为相关性系数检验只有超过 0.75 或者最大方差膨胀因子 *VIF* > 10 才具有严重的多重共线性，而本章控制变量、情境变量之间相关性系数绝对值的最大值为 0.65，*VIF* 最大值为 1.89，远低于多重共线性风险的建议阈值 10。这说明主要变量之间并不存在比较严重的多重共线性。

表 7-3　相关性系数矩阵

变量	1	2	3	4	5	6	7
1. *Roa*	**1.00**	0.04 **	0.06 **	0.02	0.07 **	-0.27 **	0.29 **
2. *GE*	0.05 **	**1.00**	0.18 **	0.52 **	0.12 **	0.23 **	0.18 **
3. *Fshare*	0.06 **	0.19 **	**1.00**	0.27 **	-0.17 **	0.09 **	0.11 **
4. *Size*	0.03 *	0.51 **	0.31 **	**1.00**	0.14 **	0.49 **	0.08 **
5. *Age*	0.04 *	0.09 **	-0.19 **	0.07 **	**1.00**	0.10 **	0.00

续表

变量	1	2	3	4	5	6	7
6. *Debt*	−0.22**	0.22**	0.08**	0.46**	0.13**	**1.00**	−0.16**
7. *Cash*	0.27**	0.17**	0.12**	0.10**	0.01	−0.17**	**1.00**
8. *Growth*	0.04*	0.00	−0.01	0.02	−0.02	0.02	0.02
9. *Dual*	0.04*	−0.10**	−0.12**	−0.17**	−0.05**	−0.14**	0.00
10. *Board*	−0.04**	0.15**	0.04**	0.26**	0.10**	0.20**	−0.01
11. *Indd*	0.01	−0.01	0.04**	0.03*	−0.15**	−0.03*	0.02
12. *Type*	−0.05**	0.23**	0.28**	0.37**	0.11**	0.32**	0.04*
13. *Media*	0.09**	0.27**	0.15**	0.55**	−0.02	0.22**	0.11**

变量	8	9	10	11	12	13
1. *Roa*	0.11**	0.05**	−0.05**	0.00	−0.07**	0.08**
2. *GE*	0.03*	−0.11**	0.16**	−0.03*	0.23**	0.28**
3. *Fshare*	−0.04**	−0.11**	0.02	0.03*	0.29**	0.15**
4. *Size*	0.04**	−0.18**	0.26**	−0.03*	0.37**	0.52**
5. *Age*	−0.07**	−0.05**	0.11**	−0.13**	0.10**	−0.02
6. *Debt*	0.00	−0.14**	0.19**	−0.04**	0.32**	0.23**
7. *Cash*	0.06**	0.00	0.00	0.02	0.04**	0.11**
8. *Growth*	**1.00**	0.04**	−0.05**	0.06**	−0.08**	0.06**
9. *Dual*	0.01	**1.00**	−0.14**	0.05**	−0.29**	−0.06**
10. *Board*	0.02	−0.13**	**1.00**	−0.65**	0.27**	0.14**
11. *Indd*	−0.02	0.05**	−0.58**	**1.00**	−0.06**	0.03*
12. *Type*	−0.07**	−0.29**	0.27**	−0.05**	**1.00**	0.22**
13. *Media*	0.01	−0.06**	0.15**	0.06**	0.22**	**1.00**

注：对角线（加粗部分）的左下角为 Pearson 相关性，右上角为 Spearman 相关性。* 和 ** 分别代表 5% 和 1% 的显著性水平。

7.3.2 实证结果分析

表 7-4 给出的是企业参与绿色治理对企业价值影响的回归结果。模型（1）是未加入考察变量的回归结果，可以看出股权集中度（*Fshare*）、企业规模（*Size*）、企业年龄（*Age*）、现金能力（*Cash*）、增长性（*Growth*）、媒体报道（*Media*）显著正相关于企业价值（*Roa*），负债水平（*Debt*）、董事会规模（*Board*）显著负相关于企业价值（*Roa*），这在一定程度上说明本章选择

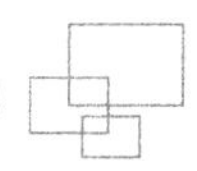

控制变量的合理性。模型（2）是检验企业参与绿色治理对企业价值的影响，企业参与绿色治理的回归系数为0.007，且在1%的水平上显著，说明企业参与绿色治理提升了企业价值，具有一定的价值创造效应，假设1成立。

模型（3）检验的是所有制性质对企业参与绿色治理与企业价值间关系的影响，可以看出 *GE × Type* 的回归系数均显著为负，说明与处于国有企业相比，非国有企业中，企业参与绿色治理与企业价值的正向影响关系更强，验证假设2。模型（4）检验的是媒体关注对企业参与绿色治理与企业价值间关系的影响，可以看出 *GE × Media* 的回归系数均显著为负，说明与媒体关注程度较高的企业相比，在媒体关注程度较低的企业中参与绿色治理与企业价值正向影响关系更强，验证假设3。

表7-4　企业参与绿色治理价值创造效应检验

变量	(1)	(2)	(3)	(4)
	Roa	*Roa*	*Roa*	*Roa*
GE		0.007* (1.72)	0.031*** (4.71)	0.030*** (3.06)
GE × Type			−0.039*** (−5.19)	
Type			0.577*** (4.77)	
GE × Media				−0.006** (−2.58)
Media				0.139*** (3.58)
Fshare	0.166** (2.52)	0.162** (2.47)	0.185*** (2.79)	0.180*** (2.72)
Size	0.037*** (3.66)	0.031*** (2.80)	0.036*** (3.23)	0.005 (0.35)
Age	0.079*** (2.72)	0.078*** (2.69)	0.082*** (2.75)	0.074*** (2.58)
Debt	−0.754*** (−9.60)	−0.761*** (−9.72)	−0.776*** (−9.80)	−0.761*** (−9.65)

续表

变量	(1)	(2)	(3)	(4)
	Roa	*Roa*	*Roa*	*Roa*
Cash	2.408***	2.387***	2.386***	2.312***
	(13.72)	(13.54)	(13.59)	(13.15)
Growth	0.071**	0.072**	0.065**	0.070**
	(2.41)	(2.45)	(2.20)	(2.39)
Dual	0.022	0.023	0.024	0.015
	(0.79)	(0.83)	(0.86)	(0.54)
Board	−0.011**	−0.011**	−0.008*	−0.011**
	(−2.44)	(−2.44)	(−1.91)	(−2.56)
Indd	−0.115	−0.110	−0.074	−0.135
	(−0.67)	(−0.64)	(−0.43)	(−0.79)
Ind	控制	控制	控制	控制
Year	控制	控制	控制	控制
常数项	−1.111***	−1.075***	−1.599***	−0.962***
	(−3.72)	(−3.58)	(−4.85)	(−2.66)
R^2	0.159	0.159	0.165	0.166
F	17.654	17.419	17.133	17.840
N	3887	3887	3887	3887

注：( ) 中是 *T* 值，*T* 值代表模型中变量回归系数的标准化值。*、** 和 *** 分别代表 10%、5% 和 1% 的显著性水平。R^2 代表回归模型的拟合优度值。*F* 代表使用回归模型得到的统计值。*N* 代表回归模型所使用的样本观测值。

7.3.3 稳健性检验

（1）改变企业价值的衡量指标。本章借鉴 Wang 等（2011）的研究，使用 *Roe* 作为企业价值的替代性指标，对上述模型进一步检验，结果如表 7-5 第（1）~（3）列所示。

（2）改变企业参与绿色治理的衡量指标。本章使用企业绿色支出与总资产的比例作为企业参与绿色治理的替代变量，对上述模型进一步检验，结果如表 7-5 第（4）~（6）列所示。上述检验结果并未发生改变，这在一定程度上说明本章结论的稳健性。

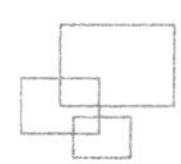

表 7-5　企业参与绿色治理价值创造效应检验：稳健性检验

变量	(1)	(2)	(3)	(4)	(5)	(6)
	Roe	*Roe*	*Roe*	*Roa*	*Roa*	*Roa*
GE	0.141 ** (1.97)	0.594 *** (5.66)	0.498 *** (3.00)	0.002 *** (5.20)	0.003 *** (4.72)	0.002 *** (4.50)
GE × Type		−0.756 *** (−6.07)			−0.013 *** (−2.63)	
Type		11.008 *** (5.57)			0.173 ** (2.17)	
GE × Media			−0.091 ** (−2.36)			−0.001 * (−1.68)
Media			2.348 *** (3.53)			0.039 ** (2.01)
Fshare	2.070 * (1.88)	2.599 ** (2.34)	2.402 ** (2.18)	0.166 ** (2.52)	0.186 *** (2.79)	0.187 *** (2.84)
Size	0.729 *** (4.17)	0.829 *** (4.69)	0.235 (1.13)	0.037 *** (3.67)	0.046 *** (4.26)	0.006 (0.42)
Age	1.057 ** (2.28)	1.173 ** (2.47)	0.997 ** (2.16)	0.079 *** (2.73)	0.086 *** (2.87)	0.078 *** (2.70)
Debt	−6.289 *** (−4.97)	−6.525 *** (−5.08)	−6.258 *** (−4.91)	−0.754 *** (−9.60)	−0.746 *** (−9.40)	−0.741 *** (−9.43)
Cash	36.109 *** (12.37)	36.091 *** (12.45)	34.708 *** (11.86)	2.409 *** (13.72)	2.432 *** (13.82)	2.323 *** (13.21)
Growth	1.405 *** (2.78)	1.245 ** (2.45)	1.371 *** (2.71)	0.071 ** (2.41)	0.065 ** (2.22)	0.070 ** (2.39)
Dual	1.261 *** (2.71)	1.236 *** (2.69)	1.104 ** (2.38)	0.023 (0.81)	0.018 (0.66)	0.015 (0.52)
Board	−0.156 ** (−2.07)	−0.107 (−1.40)	−0.164 ** (−2.20)	−0.011 ** (−2.44)	−0.009 ** (−2.12)	−0.011 *** (−2.59)
Indd	−1.720 (−0.59)	−0.944 (−0.32)	−2.179 (−0.74)	−0.114 (−0.66)	−0.099 (−0.58)	−0.131 (−0.76)
Ind	控制	控制	控制	控制	控制	控制

续表

变量	(1)	(2)	(3)	(4)	(5)	(6)
	Roe	*Roe*	*Roe*	*Roa*	*Roa*	*Roa*
Year	控制	控制	控制	控制	控制	控制
常数项	-16.532***	-27.147***	-13.404**	-1.115***	-1.370***	-0.562*
	(-3.55)	(-5.25)	(-2.37)	(-3.74)	(-4.20)	(-1.65)
R^2	0.112	0.120	0.121	0.159	0.160	0.165
F	12.734	12.906	13.465	17.846	16.653	18.238
N	3887	3887	3887	3887	3887	3887

注：() 中是 *T* 值，*T* 值代表模型中变量回归系数的标准化值。*、** 和 *** 分别代表 10%、5% 和 1% 的显著性水平。R^2 代表回归模型的拟合优度值。*F* 代表使用回归模型得到的统计值。*N* 代表回归模型所使用的样本观测值。

7.4 本章小结

绿色治理成为企业履行社会责任的新思路，也是企业转型升级的必然选择。然而当前关注企业通过何种动力机制参与绿色治理的文献十分有限。本章选取 2006—2019 年沪深 A 股上市公司为样本，考察参与绿色治理企业的价值创造效应，以及不同所有制性质和媒体压力下的关系效应。研究结果表明：企业参与绿色治理能够显著提升企业价值，并且在非国有企业和媒体关注程度比较低的企业中，企业参与绿色治理与企业价值的正向影响关系更强。以此对企业践行绿色治理实践提供有益参考。

Chapter8

第8章

研究结论、政策建议与未来展望

8.1 研究结论

绿色治理遵循“多方协同”的原则，企业在参与绿色治理过程中不仅要保证政府、社会组织和公众等治理主体的利益，还应对社会、经济和环境的影响承担与自身能力相匹配的环境社会责任，同时还应接受政府等其他治理主体的监督，并对相关环境问题进行回应，这更有助于提高绿色治理能力目标的实现。企业参与绿色治理的动力可能包括遵循法律法规要求、满足利益相关者预期、提升企业价值实现长期盈利等。有学者通过制度理论来阐释企业参与绿色治理的驱动因素，该理论提出外部制度会约束组织的行为，促使受到相同制度影响的组织决策趋于一致（Amenta et al.，2010）。例如，企业为了遵守节能减排、环境可持续发展的政策法规和道德行为准则，会采取改善企业在环境可持续性方面的道德行为；当受到公众的监督时，企业会通过参与绿色治理来维护企业保护环境的良好形象。然而，仅靠外部制度环境来解释企业参与绿色治理的驱动因素显然不够，因为这些政策举措的成功与否很大程度上取决于企业部门如何应对，即如何将这些制度压力内部化。因此，部分学者从资源依赖理论出发表明组织与其周围环境之间是相互依存的互动型关系（Hillman et al.，2009），并指出实现长期盈利的目标是驱动企业参与绿色治理的重要因素。这为本书将企业高管的非理性特征与理性特征视为一种内部驱动因素来研究企业参与绿色治理的动机提供重要契机。

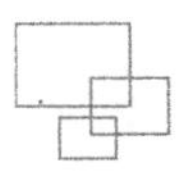

首先，环境问题的经济性和外部性特征促进了环境保护相关法案等政策制度的完善，生态环境保护也取得了较为显著的进步，特别是国家环境战略政策经历了一个从“三废”治理到流域区域治理、从主要污染物总量控制到环境质量改善、从实施环境保护基本国策到全面推进生态文明建设的发展轨迹（王金南等，2019）。对于企业自身而言，高管对参与绿色治理的绩效预测行为是一项充满高度不确定性且极度复杂的活动，这容易使得决策者在不确定情境下，限于自身能力而对决策问题缺乏明确的预期和把握，可能会使用启发式心理模型来缓解认知压力，形成认知偏差（Tversky et al.，1974），出现非理性人的特征。因此，高管在预测过程中很可能会使用锚值来简化认知任务，将复杂的绿色治理决策过程转化为简单易行的操作。在理想状态下，高管通过多方面搜集、提炼信息对绿色治理的绩效进行全面理性的评估。那么对于企业高管来说，在制定参与绿色治理决策时，是否会存在显著的锚定效应？根据来源，锚定值可以分为内在锚（个体自身决策产生的锚）和外在锚（个体外部提供的锚）（陈仕华等，2016），那么更进一步，该锚定效应是内在锚效应还是外在锚效应？二者的内在影响机制有什么差异？

其次，企业高管因接受过“绿色”相关教育（如“环境工程”专业教育）、从事过“绿色”相关工作（如企业环保部部长）等获得的绿色经历属于后天特质，不仅使高管具有特定的专业知识和能力塑造其自身的决策形式风格（Cho et al.，2017），更能够影响其认知和思维模式（Hambrick et al.，1984），从而使高管从理性角度出发来考虑企业的环境战略。高管的绿色经历可能会增加其对环境等可持续问题的注意力，增加企业绿色知识储备，从而对企业的环境战略产生影响。那么，绿色经历嵌入具有不同职能和影响力的高管团队成员，是否会形成不同的环境战略？

基于此，本书以企业参与绿色治理为切入点，首先，从高管的非理性特征出发，考察企业参与绿色治理过程中的锚定效应，以及在不同现金能力、所有制性质和行业特征的情境下，企业参与绿色治理的锚定效应的差异，并且探讨了企业参与绿色治理的锚定效应与可持续绩效之间的关系；其次，从董事的绿色经历这一理性特征视角出发，考察其对企业参与绿色治理的影响作用，并且从企业所在地的政府规制压力、行业特征以及机构

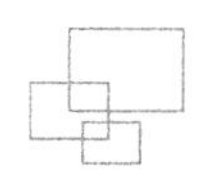

投资者监督程度等外部压力的情境下考察二者关系的异质性；再次，考察了作为企业最强大的领导者和资源整合者的CEO对企业绿色创新的影响作用，并且从产权性质、重污染行业性质和市场化程度的情境下考察二者关系的异质性；最后，立足于追求长期盈利的可持续发展目标，分析企业参与绿色治理的动力机制，考察企业参与绿色治理的价值创造效应。

（1）企业参与绿色治理过程中存在显著的锚定效应。首先，由于过去结构化思维可能会限制当前的理性推理，因而依据过去决策结果的启发式方法可能对当前的行为产生影响（Zajac et al.，1991），并且行为人在面临未曾经历过的机会或困境时，行为人更可能会回想自己听说过的相似情境，并依靠这些经验来处理当前情境下的问题，从而产生锚定效应（Gavetti et al.，2005）。其次，高管联结可以更直接地促进跨组织边界的环境战略信息交流，并为企业提供更好的资源获取路径。焦点企业对联结企业的绿色支出情况充分关注与了解，也是外在锚的选择通达机制发挥作用的前提条件（祝继高等，2017；李斌等，2012）。此外，通过企业间高管联结直接参与联结企业的环境战略决策，有助于促使焦点企业高管对联结企业绿色治理行为形成“合法性”认同，使焦点企业与联结企业在行为和观点方面表现出同质性。所以，本书将企业参与绿色治理测量为绿色支出水平，将内在锚值测量为焦点企业之前参与绿色治理产生支出的自然对数，将外在锚值测量为联结企业绿色支出均值的自然对数。通过构建相应的样本对内在锚和外在锚的存在性检验后发现，无论是仅存在内在锚还是外在锚，在低锚区域，企业参与绿色治理的实际值显著高于锚定值，在高锚区域，企业参与绿色治理的实际值显著低于锚定值。这也在一定程度上说明企业参与绿色治理存在内在锚和外在锚效应，但是也可能受到理性因素的支配。之后，构建相应的样本对内在锚和外在锚的有效性进行检验发现，“焦点企业第一次绿色支出”以及“联结企业的绿色支出”分别可以成为有效的内在锚值和外在锚值。在此基础上发现，仅存在内在锚时，焦点企业之前参与绿色治理水平越高，则当期参与绿色治理水平越高；仅存在外在锚时，联结企业参与绿色治理水平与焦点企业参与绿色治理水平正相关；而在内在锚和外在锚同时存在时，内在锚占优，前期参与绿色治理水平越高的焦点企业，当期参与绿色治理水平也可能越高。

企业对所拥有资源的依赖性可能决定了企业对制度压力的反应，这也是企业参与绿色治理必须考虑的刚性因素。在将企业按照现金能力进行划分后，研究发现，与现金能力较低的企业相比，现金能力较高的企业在参与绿色治理过程中存在更强的锚定效应。具体来说，一方面，由于企业参与绿色治理的锚值与目标值兼容，使得可行区间的制定和接受点的选择很大程度上取决于企业自身的现金能力水平，有限的现金能力会严重限制企业参照锚值的能力。另一方面，通常被视为长期投资的企业参与绿色治理虽然能够创造共享价值，但往往也会与其他核心业务竞争资源，从而有限的现金能力可能增加高管的决策成本，降低企业参与绿色治理过程中的锚定效应。

相比于非国有企业，国有企业具有更好的外部环境和发展优势。在享受更多经济资源和政策优惠的同时，增强了企业参照内、外在锚值的能力。另外，与非国有企业的追求利润最大化的内在性目标不同，国有企业具有社会、经济、政治等多重目标，这些目标之间的相互作用和矛盾增加了决策过程的复杂度和信息的处理难度，容易出现调整不足，增加企业参与绿色治理的内在锚效应。另外，企业间的高管联结为焦点企业高管提供了企业参与绿色治理的具体信息和环境合法性示例。所以，国有企业高管更可能参照联结企业的锚值做出决定，这不仅可以减少决策压力，也符合“但求无过”的中庸思想，从而表现出较高的外在锚效应。最后，相比于国有企业，非国有企业在资源获取、市场准入等方面存在较大的劣势，企业参与绿色治理成为非国有企业拉近与地方政府距离的一种政治战略，会增加非国有企业高管的决策成本，从而表现出较低的锚定效应。

企业经营所在行业的污染性质也是激励企业参与绿色治理产生锚定效应相关的重要情境因素。包括煤炭、化工、冶金等在内的重污染企业往往面临着社会公众对其履行环境责任的严重质疑，这些行业企业本身受到更严格的审查，从而面临更大的社会压力（Hudson，2008）。并且，重污染企业更容易受到媒体负面报道和较差社会评价，使得这类企业对自己的社会形象更加敏感（Vergne，2012）。另外，重污染企业往往面临更为严峻的环境风险，企业参与绿色治理可能成为有效的风险管理实践，被视为一种有价值的风险缓解策略。这使得重污染企业高管决策环境的复杂性升高、

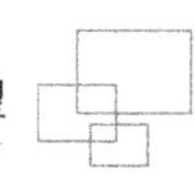

决策成本降低，从而增强了企业参与绿色治理的锚定效应。

（2）董事的绿色经历能够促进企业参与绿色治理。董事会作为企业的最高决策机构，其成员的绿色经历在企业参与绿色治理中起着关键性作用。绿色经历不仅使董事更容易形成“绿色”行为偏好，塑造其将“绿色”作为主要行动指南和理想状态的管理风格，进而促使企业实施绿色行动，而且更可能将较高的道德标准与责任意识付诸行为决策中，形成内在的自我约束机制，从而更可能制定参与绿色治理的决策。另外，较大的环境压力和信息不对称强烈地刺激企业采取参与绿色治理的方式向公众发出积极环境信号，董事的绿色经历能够减弱董事会与管理层之间的信息不对称，监督企业将更多的资源用于参与绿色治理。所以，本书将董事以前是否接受过“绿色”相关教育或从事过“绿色”相关工作等作为董事是否具有绿色经历的衡量指标，并将企业层面董事绿色经历测量为董事会中具有绿色经历的董事的比例。研究发现，具有绿色经历的董事比例越高，企业越可能实施绿色行动以及提高绿色支出。

作为正式制度的典型代表，环境规制主要是通过政府相关部门制定的法规、政策等具有强制法律细则来约束企业行为（Scott，1995）。政府制定的一系列法规和政策体现更多的是政府态度取向，由此形成的规制压力可能会影响董事会对绿色治理议题的注意力，从而影响该类议题进入董事会会议的概率。较强的规制压力在一定程度可能会抑制董事的绿色经历作用的发挥，所以本书用王小鲁等（2020）编著的《中国分省企业经营环境指数 2020 年报告》中“政策公开、公平、公正”和“行政干预和政府廉洁效率”的指数得分来衡量企业注册所在地的政府规制压力程度，研究发现，在政府规制压力较低的企业中，董事绿色经历与企业参与绿色治理的正向关系更强。另外，重污染行业面临较强的社会监督和外界媒体、社会组织等的关注，使其面临较高的环境压力，从而使得重污染行业企业更可能会注重自身形象，同时国家发布的《绿色信贷指引》（2012）进一步恶化了重污染行业企业通过市场融资或向银行借贷的环境，所以其通过参与绿色治理来进行绿色转型的动机更强（舒利敏等，2022），这种较高的环境压力可能会弱化董事绿色经历发挥作用的空间。所以，本书将包括采矿业，农副食品加工业，食品制造业，酒、饮料和精制茶制造业，纺织业，

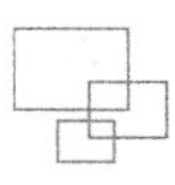

纺织服装、服饰业，皮革、毛皮、羽毛及其制品和制鞋业，造纸和纸制品业，印刷和记录媒介复制业，文教、工美、体育和娱乐用品制造业，石油加工、炼焦及核燃料加工业，化学原料和化学制品制造业，医药制造业，化学纤维制造业，橡胶和塑料制品业，非金属矿物制品业，黑色金属冶炼和压延加工业，有色金属冶炼和压延加工业，金属制品业，电力、热力、燃气及水生产和供应业等行业作为重污染行业。研究发现，相比于重污染行业企业，非重污染行业企业中，董事绿色经历与企业参与绿色治理的正向关系更强。最后，由于外部监督机制较弱时，信息不对称程度越高，面临当期财务业绩压力的管理层的道德风险与代理冲突越大。在这种情况下，企业管理层更可能将用于绿色治理活动的资源用于企业内部自身发展或投资于其他不利于环境的项目。也就是说，尽管具有绿色经历的董事制定了参与绿色治理的决策，但因监督不力使得管理层对董事会出现“阳奉阴违”的现象。而在机构投资者监督程度较强的情况下，管理层更可能按照机构投资者和董事的意愿来更好地实施绿色治理，所以，在将外部监督程度测量为机构投资者持股比例的基础上，研究发现，在机构投资者持股比例较高时，董事绿色经历与企业参与绿色治理的正向关系更强。

（3）CEO 绿色经历能够显著促进企业绿色创新。公司的可持续性决策在很大程度上反映了 CEO 对环境的理解以及他们对环境的关注程度（Hambrick et al.，1984）。具有绿色经历的 CEO 不仅具有较高的道德标准和社会责任意识，而且对可持续发展问题给予的关注较多，分配给它们的资源和管理支持也更多，减少这些问题发生的风险有利于取得预期的成果。已有研究表明，CEO 的注意力在组织中起着重要的作用，是创新的关键驱动力，能够加速进入新的技术市场（Eggers et al.，2009）。绿色创新强调的是创新的可持续性，属于超越合规进入更复杂和更具潜在回报的发展阶段，拥有绿色经历使其更熟悉绿色可持续过程中的行动，能够自信地估计这些行动（比如绿色产品或采用绿色技术）带来的好处，从而在一定程度上降低预期收益的风险性。因此，绿色经历可能通过增加 CEO 对可持续性活动的关注度来促进企业绿色创新。并且，具有绿色经历的 CEO 具有对环境影响的认知、绿色价值观导向和良好环境实践经验等“绿色”知识储备，能帮助其用发展循环经济与绿色生态共赢的积极态度思考生态问题

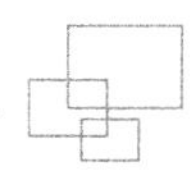

的重要性，从而更有动力和能力对利益相关者的环保诉求做出回应，因此，具有绿色经历的 CEO 通过及时实施绿色创新，将面临的外部制度压力内部化，以获得利益相关者的认同，所以，本书将 CEO 以前是否接受过“绿色”相关教育或从事过“绿色”相关工作作为 CEO 是否具有绿色经历的判定指标，研究发现，与不具有绿色经历的 CEO 相比，具有绿色经历的 CEO 能够显著促进企业绿色创新。

由于国有企业与政府的天然关系使其为了“面子工程”，成为政府特定时期实施政策的工具（张国有，2014），其追求绿色创新更可能是响应政府号召的一种规范行为。非国有企业 CEO 往往具有更大的自由裁量权，非国有企业往往面临较高的融资约束（余明桂等，2008），而具有绿色经历的 CEO 更有能力获得利益相关者的资金和资源支持，缓解融资困境，从而使企业能将更多资源投入绿色创新。另外，市场化程度较高的地区，市场经济发展水平和信息化程度较高，相关环境法律法规比较完善，这在一定程度上为企业创新提供了更多制度保障，企业更愿意实施绿色创新，而较低市场化程度的地区，知识产权保护较弱，使得企业不仅自身无法快速获取市场上关于绿色专利的信息资源，而且面临更严重的外部融资约束，具有绿色经历的 CEO 更可能凭借其环境专业知识和实践经验，通过绿色创新发出积极信号来获得利益相关者的认可，有效缓解外部融资约束，增加企业绿色创新。所以，本书在将企业按照实际控制人性质划分为国有企业与非国有企业、按照企业所在地当年市场化指数划分为市场化程度较高与较低企业之后，研究发现 CEO 绿色经历与企业绿色创新之间的关系存在异质性，在非国有企业、非重污染企业和处于市场化程度较低地区的企业中，CEO 绿色经历对绿色创新的促进作用更强。另外，研发绿色产品和过程创新，使运营和产品线更加环保的绿色创新能够增加企业财务绩效和提高竞争优势，能够响应市场和政府的环境需求，提高资源利用效率，同时企业通过减少、处理污染物等方式，控制其排放量对环境的负面影响，以达到环境法规要求，提高企业环境合法性，从而显著提高企业环境绩效。因此，本书使用经行业调整的总资产净利润率衡量财务绩效，使用企业是否获得环境表彰或通过环境认证来衡量环境绩效，研究发现，CEO 绿色经历可以通过促进企业绿色创新提高其财务绩效和环境绩效。

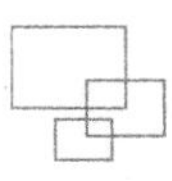

（4）企业参与绿色治理能够显著提升企业价值。根据信号理论，企业参与绿色治理向利益相关者发送了一种表明自己环境立场的积极信号，不仅传递企业具有利他性行为意愿的信息，这是对不同利益相关者的环保期望和信息需求的回应，而且也展示出企业对社会负责的形象，这种形象可以延伸到商业实践的其他方面，例如产品质量和客户服务的高标准（Adams et al.，1998），从而不仅可以形成产品的差异化优势，而且可以凭借良好的绿色形象和声誉，开拓出新的市场（Menguc et al.，2010）。同时，企业参与绿色治理可能有助于企业顺应社会对自然生态环境的期望和确保环境的合法性，这将有助于企业绩效的提升。所以，本书将企业价值衡量为两年和三年后经行业调整后的企业总资产净利润率，研究发现，企业参与绿色治理能够显著提升企业价值。根据资源依赖理论，相比国有企业，非国有企业在获取关键资源方面的天然劣势，使其普遍存在较为明显的政治关联动机，而从事有利于社会的活动是一种主动建立与政府部门之间联系的主要手段（Marquis et al.，2013）。所以，本书研究发现，相比于国有企业，非国有企业参与绿色治理更有助于其获得政治合法性而有助于提升其价值效应。另外，媒体关注作为资本市场外部治理的有效途径，对企业的信息传递起着举足轻重的作用。企业通过媒体报道进行披露相关信息时会引起广泛的关注，降低信息不对称程度，进一步增强投资决策信息的透明度，为企业带来更多的社会资本支持。然而，新媒体加快了社会事件舆论发酵和传播的速度，媒体报道内容的倾向性所体现的舆论监督会构成企业的合法性压力。对于企业参与绿色治理水平较低的企业，媒体可能会给予更多的关注，加上注意力分配中的消极偏向（Smith et al.，2006），媒体更偏好曝光其负面信息，从而放大企业的不当环境行为（即环境行动与环境要求不符）。所以，本书使用年度上市公司被媒体报道总次数来衡量媒体关注，研究发现，媒体关注度在企业参与绿色治理的价值创造效应中具有显著的调节作用，即相比于媒体关注度较高的企业，媒体关注度较低的企业中，企业参与绿色治理的价值创造效应较高。

8.2 研究启示及政策建议

本书主要基于高阶理论、制度理论、锚定效应等构建理论模型，从高

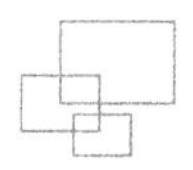

管的非理性与理性特征角度考察企业参与绿色治理的影响因素与价值创造效应，以企业参与绿色治理为待考察变量。首先，探讨企业参与绿色治理过程中的锚定效应，扩充了行为决策的研究；其次，探索高管的绿色经历在企业参与绿色治理的作用，丰富了高阶理论；最后，将公司治理的一般核心概念和分析范式拓展到企业参与绿色治理研究领域，考察了企业参与绿色治理的动机机制，并得出研究结论，具有一定的研究启示。

（1）虽然羊群效应和锚定效应都是由行为人在决策过程中产生的一致性现象，但前者更多的是强调管理者的理性经济人假设，以及进行决策时出现人为的忽略私有信息仅注重公共信息的现象，而锚定效应更为强调决策过程中更可能利用所收集到的信息（包括私有信息和括公共信息）去建立参照点作为锚，以及由锚定调整机制产生的内在锚效应和启动选择通达机制产生的外在锚效应。研究发现企业参与绿色治理中存在一定的锚定效应，并且这种锚定效应并没有带来企业可持续绩效的提升，因此，企业在参与绿色治理的过程中，更应该根据企业自身实际情况出发，理性分析企业自身可持续发展战略、人类需求与环境平等，避免绿色治理决策的“倒逼”现状，审慎考虑治理手段与股东价值、利益相关者的关系。同时，企业参与绿色治理过程中应充分考虑自身的经济资源能力、产权性质和重污染行业性质，特别是对于现金充足的企业更要合理分配自身资源，受政府干预较强的国有企业更应减少盲目性，以及对于面临环境合法性压力较高的重污染行业企业更应从自身情况出发，真正通过绿色转型来获得竞争优势，减少“锚值”对企业绿色治理参与行为的影响，从而真正实现企业可持续发展战略。

（2）由于环境问题日益增长的重要性和战略性，董事会影响企业的环境战略。研究发现董事的绿色经历在企业参与绿色治理中发挥关键性作用。首先，为更好推进生态文明建设、实现企业可持续发展，企业应注重聘用和培养具有绿色经历的董事。这可以增加董事会成员特征的多元化，以增强董事会的资源提供作用来应对环境问题的长期性和复杂性。其次，鉴于绿色治理是一种具有强外部性的“公共事务性活动”，而该活动的有效开展受到董事会成员“绿色”经历的影响，因此，企业要想更好地参与绿色治理，不仅需要通过聘用之前受到过“绿色”相关教育（如“环境工程”专业毕业等）、从事过“绿色”相关工作（如企业环保部部长等）的董事，而且需要让现有的董事参与“绿色”知识的学习、培训，以此来塑造董事会成员的“绿色”特质，促使其更加关注企业绿色可持续发展战略，提升企业绿色治理水平。再次，企业应积极引入机构投资者，完善外部治理机制。本书研究指出在影响企业参与绿色治理方面，董事绿色经历与机构投资者具有互补性，因此企业还应鼓励机构投资者参与治理，增强其外部监督能力，优化治理环境，不仅能够约束管理层的机会主义行为，还为企业带来所需的资金支持，保证企业参与绿色治理合理有效开展。最后，政府相关部门在制定绿色发展战略的过程中，可以通过对典型企业或者董事会成员的代表性绿色治理案例和事迹的宣传和表彰，例如授予“节能减排先进单位”“环保先进个人”，影响公司董事对于绿色发展战略的认知，从而使其更关注企业绿色治理议题。

（3）CEO 作为企业最强大的领导者和资源整合者，在企业将外部环境压力内部化过程中占据十分重要的地位。首先，要加快构建绿色创新体系，政府相关部门不仅应推动高校加强绿色相关学科专业建设，为经理人（CEO）市场提供更多具有绿色教育经历的人才，还应选择部分职业教育机构开展绿色专业教育试点，对经理人市场中的 CEO 进行绿色专业培训，并制定有关激励 CEO 在绿色相关工作领域就业的政策，来加强对绿色工作经历的 CEO 的培养，进而更好地服务于绿色技术创新。其次，要通过绿色创新实现绿色转型，企业应根据自身条件，加强对现有 CEO 进行绿色专业教育培训，注重从内部培养或者从外部聘请具有相关绿色经历的 CEO，提高其绿色创新意识及能力，从而促进企业绿色创新。最后，要在经理人市场上凸显“绿色”的价值，CEO 应重视自身绿色经历的塑造，可以通过绿色专业知识的进修和绿色相关工作经验的积累，来扩充绿色知识、经验储备，从而在企业管理中实施有助于改善未来可持续绩效的绿色创新活动，得到利益相关者的认可。

（4）企业参与绿色治理的价值创造效应是存在的，但是具有一定的长期性和滞后性。首先，对于转型经济体中的企业的可持续发展来说，参与绿色治理是企业长期发展战略的正确选择。其次，考虑到企业资源依赖程度和企业受关注程度的不同，企业参与绿色治理价值效应存在较大的差异

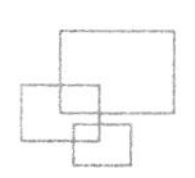

性。民营企业的可持续发展面临着多方面的挑战，政府相关部门应不断加强规范化立法的压力，参与绿色治理既是民营企业获得政治合法性的重要途径，也是其长期盈利保持竞争力的重要战略举措。最后，应正确引导舆论并积极宣传企业参与绿色治理的正面信息，传播对企业一致的环境行动和要求的积极评价，保障利益相关者的知情权。

8.3 研究局限与未来研究方向

（1）虽然本书对企业参与绿色治理进行了初步探索，但未来可能还有诸多拓展空间。比如，除了本书将企业参与绿色治理测量为环境治理与绿色管理过程中绿色行为产生的绿色支出之外，从更广泛地意义上来说可能还包括其他方面的绿色行为，例如绿色公益、绿色包容、绿色信息披露等也包括一定的支出水平，补充这些信息可能会成为企业参与绿色治理的更为完善的测量。另外，除了本书将联结企业之前的绿色治理支出作为外在锚之外，很多其他方面的高管联结关系（诸如校友关系、老乡关系、战友关系等）也符合锚定效应理论要求的信息通达条件，也可能会成为有效的外在锚。

（2）本书仅以绿色行动和绿色支出来衡量企业参与绿色治理，但是还未细化到具体的类型或特征，未来研究可以从不同的类型或者特征进一步研究企业参与绿色治理的影响因素；并且受现有研究样本的限制，仅使用董事、CEO是否存在绿色教育和工作经历来衡量其绿色经历，可能无法完全体现出绿色经历的形成过程的差异水平，未来研究可以进一步探讨不同个体绿色经历的形成过程对企业绿色治理的影响。

（3）企业绿色创新是多方面的，虽然本书尝试使用绿色专利申请来衡量绿色创新，但是对于绿色创新过程的研究还未涉及，无法更全面地衡量企业绿色创新水平，未来研究还需进一步拓展。

参考文献

［1］毕茜，彭珏，左永彦，2012. 环境信息披露制度、公司治理和环境信息披露［J］. 会计研究（7）：39-47，96.

［2］卞亦文，2012. 非合作博弈两阶段生产系统的环境效率评价［J］. 管理科学学报（7）：11-19.

［3］陈劲，刘景江，杨发明，2002. 绿色技术创新审计实证研究［J］. 科学学研究（1）：107-112.

［4］陈力田，朱亚丽，郭磊，2018. 多重制度压力下企业绿色创新响应行为动因研究［J］. 管理学报（5）：710-717.

［5］陈仕华，李维安，2016. 并购溢价决策中的锚定效应研究［J］. 经济研究（6）：114-127.

［6］陈仕华，卢昌崇，2013. 企业间高管联结与并购溢价决策：基于组织间模仿理论的实证研究［J］. 管理世界（5）：144-156.

［7］成琼文，周璐，余升然，2017. 绿色供应链管理与实践绩效研究：以电解铝企业为例［J］. 中国软科学（10）：163-172.

［8］崔广慧，姜英兵，2019. 环境规制对企业环境治理行为的影响：基于新《环保法》的准自然实验［J］. 经济管理（10）：54-72.

［9］代昀昊，孔东民，2017. 高管海外经历是否能提升企业投资效率［J］. 世界经济（1）：168-192.

［10］邓学衷，李颜婧，2020. 绿色战略、绿色动态能力与企业财务绩效：基于中小企业的实证研究［J］. 长沙理工大学学报（社会科学版）（5）：92-100.

［11］杜勇，张欢，陈建英，2018. CEO 海外经历与企业盈余管理［J］. 会计研究（2）：27-33.

［12］方军雄，2012. 企业投资决策趋同：羊群效应抑或“潮涌现

象”？［J］．财经研究（11）：92-102.

［13］郭进，2019. 环境规制对绿色技术创新的影响：“波特效应”的中国证据［J］．财贸经济（3）：147-160.

［14］何青松，王慧，孙艺毓，2019. 企业社会责任决策中的锚定效应［J］．社会科学研究（6）：32-40.

［15］何瑛，于文蕾，杨棉之，2019. CEO 复合型职业经历、企业风险承担与企业价值［J］．中国工业经济（9）：155-173.

［16］何志毅，于泳，2004. 绿色营销发展现状及国内绿色营销的发展途径［J］．北京大学学报（哲学社会科学版）（6）：85-93.

［17］胡珺，黄楠，沈洪涛，2020. 市场激励型环境规制可以推动企业技术创新吗?：基于中国碳排放权交易机制的自然实验［J］．金融研究（1）：171-189.

［18］胡珺，宋献中，王红建，2017. 非正式制度、家乡认同与企业环境治理［J］．管理世界（3）：76-94，187-188.

［19］胡元木，2012. 技术独立董事可以提高 R&D 产出效率吗?：来自中国证券市场的研究［J］．南开管理评论（2）：136-142.

［20］胡元木，刘佩，纪端，2016. 技术独立董事能有效抑制真实盈余管理吗?：基于可操控 R&D 费用视角［J］．会计研究（3）：29-35，95.

［21］黄辉，2013. 媒体负面报道、市场反应与企业绩效［J］．中国软科学（8）：104-116.

［22］贾兴平，刘益，2014. 外部环境、内部资源与企业社会责任［J］．南开管理评论（6）：13-18，52.

［23］姜付秀，黄继承，2013. CEO 财务经历与资本结构决策［J］．会计研究（5）：27-34，95.

［24］姜付秀，石贝贝，马云飙，2016. 信息发布者的财务经历与企业融资约束［J］．经济研究（6）：83-97.

［25］姜广省，卢建词，李维安，2021. 绿色投资者发挥作用吗?：来自企业参与绿色治理的经验研究［J］．金融研究（5）：117-134.

［26］姜雨峰，田虹，2014. 外部压力能促进企业履行环境责任吗?：基于中国转型经济背景的实证研究［J］．上海财经大学学报（6）：40-49.

［27］蒋伏心，王竹君，白俊红，2013. 环境规制对技术创新影响的双重效应：基于江苏制造业动态面板数据的实证研究［J］. 中国工业经济（7）：44-55.

［28］蒋尧明，赖妍，2019. 高管海外背景对企业社会责任信息披露的影响：基于任职地区规制压力的调节作用［J］. 山西财经大学学报（1）：70-86.

［29］荆克迪，刘宜卓，安虎森，2022. 中国绿色治理的基本理论阐释、内涵界定与多维面向［J］. 改革与战略（3）：119-129.

［30］井绍平，2004. 绿色营销及其对消费者心理与行为影响的分析［J］. 管理世界（5）：145-146.

［31］井绍平，陶宇红，李自琼，2010. 消费者品牌转换口碑传播影响因素研究：基于绿色营销视角［J］. 管理世界（9）：182-183.

［32］景维民，张璐，2014. 环境管制、对外开放与中国工业的绿色技术进步［J］. 经济研究（9）：34-47.

［33］孔东民，刘莎莎，王亚男，2013. 市场竞争、产权与政府补贴［J］. 经济研究（2）：55-67.

［34］赖黎，巩亚林，马永强，2016. 管理者从军经历、融资偏好与经营业绩［J］. 管理世界（8）：126-136.

［35］黎文靖，路晓燕，2015. 机构投资者关注企业的环境绩效吗?：来自我国重污染行业上市公司的经验证据［J］. 金融研究（12）：97-112.

［36］黎文靖，郑曼妮，2016. 空气污染的治理机制及其作用效果：来自地级市的经验数据［J］. 中国工业经济（4）：93-109.

［37］李彬，谷慧敏，高伟，2011. 制度压力如何影响企业社会责任：基于旅游企业的实证研究［J］. 南开管理评论（6）：67-75.

［38］李斌，徐富明，王伟，等，2010. 锚定效应的种类、影响因素及干预措施［J］. 心理科学进展（1）：34-45.

［39］李斌，徐富明，张军伟，等，2012. 内在锚与外在锚对锚定效应及其双加工机制的影响［J］. 心理科学（1）：171-176.

［40］李长青，朱亚君，2016. 在华外资企业履行社会责任的动力来源：政府规制还是市场驱动?［J］. 产经评论（5）：132-140.

［41］李静，倪冬雪，2015. 中国工业绿色生产与治理效率研究：基于两阶段 SBM 网络模型和全局 Malmquist 方法［J］. 产业经济研究（3）：42-53.

［42］李凯杰，董丹丹，韩亚峰，2020. 绿色创新的环境绩效研究：基于空间溢出和回弹效应的检验［J］. 中国软科学（7）：112-121.

［43］李培功，沈艺峰，2011. 社会规范、资本市场与环境治理：基于机构投资者视角的经验证据［J］. 世界经济（6）：126-146.

［44］李强，田双双，刘佟，2016. 高管政治网络对企业环保投资的影响：考虑政府与市场的作用［J］. 山西财经大学学报（3）：90-99.

［45］李青原，肖泽华，2020. 异质性环境规制工具与企业绿色创新激励：来自上市企业绿色专利的证据［J］. 经济研究（9）：192-208.

［46］李维安，郝臣，2017a. 绿色治理：企业社会责任新思路［J］. 董事会（8）：36-37.

［47］李维安，徐建，姜广省，2017b. 绿色治理准则：实现人与自然的包容性发展［J］. 南开管理评论（5）：23-28.

［48］李维安，徐业坤，2013. 政治身份的避税效应［J］. 金融研究（3）：114-129.

［49］李维安，张耀伟，郑敏娜，等，2019. 中国上市公司绿色治理及其评价研究［J］. 管理世界，35（5）：126-133，160.

［50］李维安等，2018. 绿色治理准则与国际规则比较［M］. 北京：科学出版社.

［51］李文，王佳，2020. 地方财政压力对企业税负的影响：基于多层线性模型的分析［J］. 财贸研究（5）：52-65.

［52］李召敏，赵曙明，2016. 环境不确定性、任务导向型战略领导行为与组织绩效［J］. 科学学与科学技术管理（2）：136-148.

［53］李哲，2018. “多言寡行”的环境披露模式是否会被信息使用者摒弃［J］. 世界经济（12）：167-188.

［54］连玉君，廖俊平，2017. 如何检验分组回归后的组间系数差异？［J］. 郑州航空工业管理学院学报（6）：97-109.

［55］梁红玉，姚益龙，宁吉安，2012. 媒体监督、公司治理与代理成

本［J］. 财经研究（7）：90-100.

［56］廖文龙，董新凯，翁鸣，等，2020. 市场型环境规制的经济效应：碳排放交易、绿色创新与绿色经济增长［J］. 中国软科学（6）：159-173.

［57］刘柏，王馨竹，2021. 企业绿色创新对股票收益的“风险补偿”效应［J］. 经济管理（7）：136-157.

［58］刘继红，章丽珠，2014. 高管的审计师工作背景、关联关系与应计、真实盈余管理［J］. 审计研究（4）：104-112.

［59］刘明广，2020. 环境规制、绿色创新与企业绩效的关系研究［J］. 技术与创新管理（6）：539-547.

［60］刘强，王伟楠，陈恒宇，2020.《绿色信贷指引》实施对重污染企业创新绩效的影响研究［J］. 科研管理（11）：100-112.

［61］刘卫华，2008. 企业公民的环境责任与可持续发展［J］. 世界环境（3）：17-19.

［62］刘艳霞，祁怀锦，刘斯琴，2020. 融资融券、管理者自信与企业环保投资［J］. 中南财经政法大学学报（5）：102-112，159.

［63］逯东，林高，黄莉，等，2012. “官员型”高管，公司业绩和非生产性支出：基于国有上市公司的经验证据［J］. 金融研究（6）：139-153.

［64］罗喜英，刘伟，2019. 政治关联与企业环境违规处罚：庇护还是监督：来自 IPE 数据库的证据［J］. 山西财经大学学报（10）：85-99.

［65］吕康娟，潘敏杰，朱四伟，2022. 环保约谈制度促进了企业高质量发展吗？［J］. 中南财经政法大学学报（1）：135-146，160.

［66］马骏，安国俊，刘嘉龙，2020. 构建支持绿色技术创新的金融服务体系［J］. 金融理论与实践（5）：1-8.

［67］南开大学绿色治理准则课题组，李维安，2017.《绿色治理准则》及其解说［J］. 南开管理评论（5）：4-22.

［68］潘楚林，田虹，2017. 环境领导力绿色组织认同与企业绿色创新绩效［J］. 管理学报（6）：832-841.

［69］彭雪蓉，魏江，2015. 利益相关者环保导向与企业生态创新：高

管环保意识的调节作用［J］．科学学研究（7）：1109-1120.

［70］齐绍洲，林屾，崔静波，2018. 环境权益交易市场能否诱发绿色创新?：基于我国上市公司绿色专利数据的证据［J］．经济研究（12）：129-143.

［71］曲琛，周立明，罗跃嘉，2008. 锚定判断中的心理刻度效应：来自 ERP 的证据［J］．心理学报（6）：681-692.

［72］权小锋，醋卫华，尹洪英，2019. 高管从军经历、管理风格与公司创新［J］．南开管理评论（6）：140-151.

［73］冉连，2017. 绿色治理：变迁逻辑、政策反思与展望：基于1978—2016 年政策文本分析［J］．北京理工大学学报（社会科学版）（6）：9-17.

［74］任家华，2012. 低碳管理提升企业价值的作用机制研究：基于利益相关者视角［J］．科技管理研究（13）：123-125.

［75］邵智，刘晴，2020. 不确定性、锚定效应与新企业的出口行为［J］．中南财经政法大学学报（4）：108-119，160.

［76］沈洪涛，冯杰，2012. 舆论监督、政府监管与企业环境信息披露［J］．会计研究（2）：72-78，97.

［77］舒利敏，廖菁华，2022. 末端治理还是绿色转型?：绿色信贷对重污染行业企业环保投资的影响研究［J］．国际金融研究（4）：12-22.

［78］斯丽娟，曹昊煜，2022. 绿色信贷政策能够改善企业环境社会责任吗：基于外部约束和内部关注的视角［J］．中国工业经济（4）：137-155.

［79］宋建波，文雯，王德宏，2017. 海归高管能促进企业风险承担吗：来自中国 A 股上市公司的经验证据［J］．财贸经济（12）：111-126.

［80］唐国平，李龙会，2013. 股权结构、产权性质与企业环保投资：来自中国 A 股上市公司的经验证据［J］．财经问题研究（3）：93-100.

［81］唐国平，李龙会，吴德军，2013. 环境管制、行业属性与企业环保投资［J］．会计研究（6）：83-89，96.

［82］田玲，刘春林，2021. “同伴”制度压力与企业绿色创新：环境试点政策的溢出效应［J］．经济管理（6）：156-172.

［83］涂正革，谌仁俊，2013. 工业化、城镇化的动态边际碳排放量研究：基于 LMDI“两层完全分解法”的分析框架［J］. 中国工业经济（9）：31-43.

［84］王兵，戴敏，武文杰，2017. 环保基地政策提高了企业环境绩效吗?：来自东莞市企业微观面板数据的证据［J］. 金融研究（4）：143-160.

［85］王化成，曹丰，叶康涛，2015. 监督还是掏空：大股东持股比例与股价崩盘风险［J］. 管理世界（2）：45-57，187.

［86］王金南，董战峰，蒋洪强，等，2019. 中国环境保护战略政策 70 年历史变迁与改革方向［J］. 环境科学研究（10）：1636-1644.

［87］王士红，2016. 所有权性质、高管背景特征与企业社会责任披露：基于中国上市公司的数据［J］. 会计研究（11）：53-60，96.

［88］王舒扬，吴蕊，高旭东，等，2019. 民营企业党组织治理参与对企业绿色行为的影响［J］. 经济管理（8）：40-57.

［89］王帅琦，李淑娟，2021. 绿色供应链管理、制度环境与零售企业环境效益关系研究［J］. 商业经济研究（24）：35-38.

［90］王小鲁，樊纲，胡李鹏，2020. 中国分省企业经营环境指数 2020 年报告［M］. 北京：社会科学文献出版社.

［91］王小鲁，樊纲，余静文，2017. 中国分省份市场化指数报告（2016）［M］. 北京：社会科学文献出版社.

［92］王馨，王营，2021. 绿色信贷政策增进绿色创新研究［J］. 管理世界（6）：173-188.

［93］王依，龚新宇，2018. 环保处罚事件对“两高”上市公司股价的影响分析［J］. 中国环境管理（2）：26-31.

［94］王云，李延喜，马壮，等，2017. 媒体关注、环境规制与企业环保投资［J］. 南开管理评论（6）：83-94.

［95］王珍愚，曹瑜，林善浪，2021. 环境规制对企业绿色技术创新的影响特征与异质性：基于中国上市公司绿色专利数据［J］. 科学学研究（5）：909-919，929.

［96］温忠麟，叶宝娟，2014. 中介效应分析：方法和模型发展［J］.

心理科学进展（5）：731-745.

［97］文雯，宋建波，2017. 高管海外背景与企业社会责任［J］. 管理科学（2）：119-131.

［98］吴超鹏，唐菂，2016. 知识产权保护执法力度、技术创新与企业绩效：来自中国上市公司的证据［J］. 经济研究（11）：125-139.

［99］吴德军，黄丹丹，2013. 高管特征与公司环境绩效［J］. 中南财经政法大学学报（5）：109-114.

［100］吴文锋，吴冲锋，芮萌，2009. 中国上市公司高管的政府背景与税收优惠［J］. 管理世界（3）：134-142.

［101］肖华，张国清，2008. 公共压力与公司环境信息披露：基于“松花江事件”的经验研究［J］. 会计研究（5）：15-22，95.

［102］谢洪明，罗惠玲，王成，等，2007. 学习、创新与核心能力：机制和路径［J］. 经济研究（2）：59-70.

［103］谢玲红，魏国学，刘善存，等，2011. 业绩预悲披露“群聚”现象：基于管理者羊群行为的研究［J］. 南方经济（10）：27-37.

［104］解学梅，朱琪玮，2021. 企业绿色创新实践如何破解“和谐共生”难题？［J］. 管理世界（1）：128-149，236.

［105］徐建中，贯君，林艳，2017. 制度压力、高管环保意识与企业绿色创新实践：基于新制度主义理论和高阶理论视角［J］. 管理评论（9）：72-83.

［106］徐雯，2020. 市场压力、绿色创新战略与企业财务绩效［J］. 财会通讯（4）：51-55.

［107］许金花，李善民，张东，2018. 家族涉入、制度环境与企业自愿性社会责任：基于第十次全国私营企业调查的实证研究［J］. 经济管理（5）：37-53.

［108］许年行，李哲，2016. 高管贫困经历与企业慈善捐赠［J］. 经济研究（1）：133-146.

［109］许年行，吴世农，2007. 我国上市公司股权分置改革中的锚定效应研究［J］. 经济研究（1）：114-125.

［110］杨立华，刘宏福，2014. 绿色治理：建设美丽中国的必由之路

［J］．中国行政管理（11）：6-12.

［111］杨明增，2009. 经验对审计判断中锚定效应的影响［J］．审计研究（2）：73-78.

［112］叶陈刚，王孜，武剑锋，等，2015. 外部治理、环境信息披露与股权融资成本［J］．南开管理评论（5）：85-96.

［113］余明桂，潘红波，2008. 政治关系、制度环境与民营企业银行贷款［J］．管理世界（8）：9-21，39.

［114］虞义华，赵奇锋，鞠晓生，2018. 发明家高管与企业创新［J］. 中国工业经济（3）：136-154.

［115］张彩云，吕越，2018. 绿色生产规制与企业研发创新：影响及机制研究［J］．经济管理（1）：71-91.

［116］张国有，2014. 建造国有企业的初衷：共和国初期阶段国有企业存在的理由［J］．经济与管理研究（10）：27-35.

［117］张济建，于连超，毕茜，等，2016. 媒体监督、环境规制与企业绿色投资［J］．上海财经大学学报（5）：91-103.

［118］张杰，陈志远，杨连星，等，2015. 中国创新补贴政策的绩效评估：理论与证据［J］．经济研究（10）：4-17，33.

［119］张琦，郑瑶，孔东民，2019. 地区环境治理压力、高管经历与企业环保投资：一项基于《环境空气质量标准（2012）》的准自然实验［J］．经济研究（6）：183-198.

［120］张启尧，才凌惠，孙习祥，2016. 绿色知识管理能力、双元绿色创新与企业绩效关系的实证研究［J］．管理现代化（5）：48-50.

［121］张晓亮，杨海龙，唐小飞，2019. CEO 学术经历与企业创新［J］．科研管理（2）：154-163.

［122］张宇，2011. 我国商业银行信用评估的行为决策框架与锚定效应分析［J］．财经科学（5）：41-47.

［123］赵敏，赵国浩，2021. 企业绿色责任、企业行为模式与全要素生产率［J］．江西师范大学学报（哲学社会科学版）（5）：86-96.

［124］周楷唐，麻志明，吴联生，2017. 高管学术经历与公司债务融资成本［J］．经济研究（7）：169-183.

［125］周勤，车天骏，庄雷，2017. 股权众筹、控股比例和锚定效应［J］. 财贸经济（10）：51-66.

［126］周源，张晓东，赵云，等，2018. 绿色治理规制下的产业发展与环境绩效［J］. 中国人口·资源与环境（9）：82-92.

［127］周中胜，何德旭，李正，2012. 制度环境与企业社会责任履行：来自中国上市公司的经验证据［J］. 中国软科学（10）：59-68.

［128］朱丽娜，贺小刚，高皓，2020. “绿色”具有经济价值吗?：基于中国上市公司数据的研究［J］. 外国经济与管理（7）：121-136.

［129］祝继高，辛宇，仇文妍，2017. 企业捐赠中的锚定效应研究：基于“汶川地震”和“雅安地震”中企业捐赠的实证研究［J］. 管理世界（7）：129-141，188.

［130］ADAMS M，HARDWICK P，1998. An analysis of corporate donations：United Kingdom evidence［J］. Journal of management studies，35（5）：641-654.

［131］AKBAS H E，CANIKLI S，2019. Determinants of voluntary greenhouse gas emission disclosure：an empirical investigation on Turkish firms［J］. Sustainability，11（1）：1-24.

［132］ALBARRACIN D，WYER JR R S，2000. The cognitive impact of past behavior：influences on beliefs，attitudes，and future behavioral decisions［J］. Journal of personality and social psychology，79（1）：5-22.

［133］ALBUQUERQUE R，KOSKINEN Y，ZHANG C D，2019. Corporate social responsibility and firm risk：theory and empirical evidence［J］. Management science，65（10）：4451-4469.

［134］ALDA M，2019. Corporate sustainability and institutional shareholders：the pressure of social responsible pension funds on environmental firm practices［J］. Business strategy and the environment，28（6）：1060-1071.

［135］AMENTA E，RAMSEY K M，2010. Institutional theory［M］. New York：Springer.

［136］AMORE M D，BENNEDSEN M，2016. Corporate governance and green innovation［J］. Journal of environmental economics and management，

75：54-72.

[137] AMRAN A，LEE S P，DEVI S S，2014. The influence of governance structure and strategic corporate social responsibility toward sustainability reporting quality [J]. Business strategy and the environment，23（4）：217-235.

[138] ARFI W B，HIKKEROVA L，SAHUT J M，2018. External knowledge sources，green innovation and performance [J]. Technological forecasting and social change，129：210-220.

[139] ARGYRIS C，1957. Personality and organization [M]. New York：Harper Brothers.

[140] ARGYRIS C，SCHÖN D，1978. Organizational learning：a theory of action research [M]. Hoboken：Addison-Wesley.

[141] ARORA P，DHARWADKAR R，2011. Corporate governance and corporate social responsibility（CSR）：the moderating roles of attainment discrepancy and organization slack [J]. Corporate governance：an international review，19（2）：136-152.

[142] ARROW K J，1971. Essays in the theory of risk bearing [M]. Chicago：Markham Publishing.

[143] AVIK S，SHEKHAR M，ARSHIAN S，et al.，2021. Does green financing help to improve the environmental & social responsibility? Designing SDG framework through advanced quantile modelling [J]. Journal of environmental management，292（15）：1-13.

[144] BANERJEE A V，1992. A simple model of herd behavior [J]. The quarterly journal of economics，107（3）：797-817.

[145] BANERJEE S B，2001. Corporate citizenship and indigenous stakeholders：exploring a new dynamic of organizational stakeholder relationships [J]. Journal of corporate citizenship（1）：39-55.

[146] BANSAL P，2005. Evolving sustainably：a longitudinal study of corporate sustainable development [J]. Strategic management journal，26（3）：197-218.

[147] BANSAL P, CLELLAND I, 2004. Talking trash: legitimacy, impression management, and unsystematic risk in the context of the natural environment [J] . Academy of management journal, 47 (1): 93-103.

[148] BANSAL P, ROTH K, 2000. Why companies go green: a model of ecological responsiveness [J] . Academy of management journal, 43 (4): 717-736.

[149] BANTEL K A, JACKSON S E, 1989. Top management and innovations in banking: does the composition of the top team make a difference? [J]. Strategic management journal, 10 (S1): 107-124.

[150] BARNEA A, RUBIN A, 2010. Corporate social responsibility as a conflict between shareholders [J] . Journal of business ethics, 97 (1): 71-86.

[151] BARNETT A, KING A, 2008. Good fences make good neighbors: a longitudinal analysis of an industry self-regulatory institution [J] . Academy of management journal, 51 (6): 1150-1170.

[152] BAYSINGER B D, HOSKISSON R E, 1990. The composition of boards of directors and strategic control: effects of corporate strategy [J]. Academy of management review, 15 (1): 72-87.

[153] BEN-AMAR W, MCILKENNY P, 2015. Board effectiveness and the voluntary disclosure of climate change information [J] . Business strategy and the environment, 24 (8): 704-719.

[154] BENMELECH E, FRYDMAN C, 2015. Military CEOs [J]. Journal of financial economics, 117 (1): 43-59.

[155] BERNILE G, BHAGWAT V, RAU P R, 2017. What doesn't kill you will only make you more risk-loving: early-life disasters and CEO behavior [J] . Journal of finance, 72 (1): 167-206.

[156] BERRONE P, FOSFURI A, GELABERT L, et al. , 2013. Necessity as the mother of "green" inventions: institutional pressures and environmental innovations [J] . Strategic management journal, 34 (8): 891-909.

[157] BIGGS S F, WILD J J, 1985. An investigation of auditor judgment

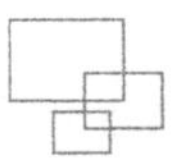

in analytical review [J] . Accounting review, 607-633.

[158] BIONDI V, FREY M, IRALDO F, 2000. Environmental management systems and SMEs [J] . Greener management international, 29: 55-69.

[159] BO H, 2006. Herding in corporate investment: UK evidence [R]. London: SOAS, University of London.

[160] BOFINGER Y, HEYDEN K J, ROCK B, 2022. Corporate social responsibility and market efficiency: evidence from ESG and misvaluation measures [J] . Journal of banking & finance, 134: 1-21.

[161] BOIRAL O. Corporate greening through ISO 14001 [J]. Organization science, 2007, 18 (1): 127-146.

[162] BOUSLAH K, LIÑARES-ZEGARRA J, M'ZALI B, et al., 2018. CEO risk-taking incentives and socially irresponsible activities [J] . The British accounting review, 50 (1): 76-92.

[163] BOWEN H R, 1953. Social responsibilities of the businessman [M] . New York: Harper & Brothers.

[164] BREMNER R H, 1987. American philanthropy [M] . Chicago: University of Chicago Press.

[165] BURGESS Z, THARENOU P, 2002. Women board directors: characteristics of the few [J] . Journal of business ethics, 37 (1): 39-49.

[166] BUYSSE K, VERBEKE A, 2003. Proactive environmental strategies: a stakeholder management perspective [J] . Strategic management journal, 24 (5): 453-470.

[167] CACIOPPE R, FORSTER N, FOX M, 2008. A survey of managers' perceptions of corporate ethics and social responsibility and actions that may affect companies' success [J] . Journal of business ethics, 82 (3): 681-700.

[168] CAI H B, LIU Q, XIAO G, 2005. Does competition encourage unethical behavior? The case of corporate profit hiding in China [EB/OL] . (2005-05-10) [2022-08-01] . https://citeseerx.ist.psu.edu/viewdoc/download? doi=10.1.1.669.408&rep=rep1&type=pdf.

［169］ CAI L，CUI J H，JO H，2016. Corporate environmental responsibility and firm risk ［J］. Journal of business ethics，139 (3)：563-594.

［170］ CAO J，TITMAN S，ZHAN X T，et al.，2018. ESG preference and market efficiency：evidence from mispricing and institutional trading ［EB/OL］. (2018-07-02) ［2022-08-01］. https：//sfm. finance. nsysu. edu. tw/pdf/pastawardpapers/2018-02. pdf.

［171］ CARROLL A B，1979. A three-dimensional conceptual model of corporate performance ［J］. Academy of management review，4 (4)：497-505.

［172］ CARROLL A B，1991. The pyramid of corporate social responsibility：toward the moral management of organizational stakeholders ［J］. Business horizons，34 (4)：39-48.

［173］ CARROLL A B，SHABANA K M，2010. The business case for corporate social responsibility：a review of concepts，research and practice ［J］. International journal of management reviews，12 (1)，85-105.

［174］ CARSON R L，1962. Silent spring ［M］. Boston：Houghton Mifflin Company.

［175］ CARTER C R，ELLRAM L M，1998. Reverse logistics：a review of the literature and framework for future investigation ［J］. Journal of business logistics，19 (1)：85.

［176］ CASCIARO T，PISKORSKI M J，2005. Power imbalance，mutual dependence，and constraint absorption：a closer look at resource dependence theory ［J］. Administrative science quarterly，50 (2)：167-199.

［177］ CHANG C H，2011. The influence of corporate environmental ethics on competitive advantage：the mediation role of green innovation ［J］. Journal of business ethics，104 (3)：361-370.

［178］ CHAPMAN G B，JOHNSON E J，1994. The limits of anchoring ［J］. Journal of behavioral decision making，7 (4)：223-242.

［179］ CHAPMAN G B，JOHNSON E J，2002. Incorporating the irrelevant：anchors in judgments of belief and value ［M］. New York：Cambridge

University Press.

[180] CHAVA S, 2014. Environmental externalities and cost of capital [J] . Management science, 60 (9): 2223-2247.

[181] CHEN T, DONG H, LIN C, 2020. Institutional shareholders and corporate social responsibility [J] . Journal of financial economics, 135 (2): 483-504.

[182] CHEN W R, 2008. Determinants of firms' backward-and forward-looking R&D search behavior [J] . Organization science, 19 (4): 609-622.

[183] CHEN X H, YI N, ZHANG L, et al. , 2018. Does institutional pressure foster corporate green innovation? Evidence from China's top 100 companies [J] . Journal of cleaner production, 188, (6): 304-311.

[184] CHEN Y S, LAI S B, WEN C T, 2006. The influence of green innovation performance on corporate advantage in Taiwan [J] . Journal of business ethics, 67 (4): 331-339.

[185] CHENG B, IOANNOU I, SERAFEIM G, 2014. Corporate social responsibility and access to finance [J] . Strategic management journal, 35 (1): 1-23.

[186] CHIN M K, HAMBRICK D C, TREVIÑO L K, 2013. Political ideologies of CEOs: the influence of executives' values on corporate social responsibility [J] . Administrative science quarterly, 58 (2): 197-232.

[187] CHIOU T Y, CHAN H K, LETTICE F, et al. , 2011. The influence of greening the suppliers and green innovation on environmental performance and competitive advantage in Taiwan [J] . Transportation research part E: logistics and transportation review, 47 (6): 822-836.

[188] CHO C H, JUNG J H, KWAK B, et al. , 2017. Professors on the board: do they contribute to society outside the classroom? [J] . Journal of business ethics, 141 (2): 393-409.

[189] CHO E, CHUN S, CHOI D, 2015. International diversification, corporate social responsibility, and corporate governance: evidence from Korea [J] . Journal of applied business research, 31 (2): 743-764.

[190] CHOI J, WANG H, 2009. Stakeholder relations and the persistence of corporate financial performance [J]. Strategic management journal, 30 (8): 895-907.

[191] CONNELLY B L, CERTO S T, IRELAND R D, et al., 2011. Signaling theory: a review and assessment [J]. Journal of management, 37 (1): 39-67.

[192] CORDEIRO J J, TEWARI M, 2015. Firm characteristics, industry context, and investor reactions to environmental CSR: a stakeholder theory approach [J]. Journal of business ethics, 130 (4): 833-849.

[193] CORNELISSEN G, PANDELAERE M, WARLOP L, et al., 2008. Positive cueing: promoting sustainable consumer behavior by cueing common environmental behaviors as environmental [J]. International journal of research in marketing, 25 (1): 46-55.

[194] CYERT R M, MARCH J G, 1963. A behavioral theory of the firm [M]. Englewood Cliffs, New Jersey: Prentice-Hall.

[195] DAILY C M, DALTON D R, 2003. Women in the boardroom: a business imperative [J]. Journal of business strategy, 24 (5): 8-9.

[196] DAILY C M, SCHWENK C, 1996. Chief executive officers, top management teams, and boards of directors: congruent or countervailing forces? [J]. Journal of management, 22 (2): 185-208.

[197] DARNALL N, JR E D, 2006. Predicting the cost of environmental management system adoption: the role of capabilities, resources and ownership structure [J]. Strategic management journal, 27 (4): 301-320.

[198] DE VILLIERS C, NAIKER V, VAN STADEN C J, 2011. The effect of board characteristics on firm environmental performance [J]. Journal of management, 37 (6): 1636-1663.

[199] DEARBORN D W C, SIMON H A, 1958. Selective perception: a note on the departmental identifications of executives [J]. Sociometry, 21 (2): 140-144.

[200] DHALIWAL D S, RADHAKRISHNAN S, TSANG A, et al.,

2012. Nonfinancial disclosure and analyst forecast accuracy: international evidence on corporate social responsibility disclosure [J]. The accounting review, 87 (3): 723-759.

[201] DIMAGGIO P J, POWELL W W, 1983. The iron cage revisited: institutional isomorphism and collective rationality in organizational fields [J]. American sociological review, 48 (2): 147-160.

[202] DONALDSON T, 1999. Making stakeholder theory whole [J]. Academy of management review, 24 (2): 237-241.

[203] DU W, 1998. Xiaopin: Chinese theatrical skits as both creatures and critics of commercialism [J]. The China quarterly (154): 382-399.

[204] DYCK A, LINS K V, ROTH L, et al., 2019. Do institutional investors drive corporate social responsibility? International evidence [J]. Journal of financial economics, 131 (3): 693-714.

[205] EGGERS J P, KAPLAN S, 2009. Cognition and renewal: comparing CEO and organizational effects on incumbent adaptation to technical change [J]. Organization science, 20 (2): 461-477.

[206] ELDER G H, 1986. Military times and turning points in men's lives [J]. Developmental psychology, 22 (2): 233-245.

[207] ELDER JR G H, CLIPP E C, 1989. Combat experience and emotional health: impairment and resilience in later life [J]. Journal of personality, 57 (2): 311-341.

[208] ELLISON G, GLAESER E L, KERR W R, 2010. What causes industry agglomeration? Evidence from coagglomeration patterns [J]. American economic review, 100 (3): 1195-1213.

[209] EPLEY N, GILOVICH T, 2001. Putting adjustment back in the anchoring and adjustment heuristic: differential processing of self-generated and experimenter-provided anchors [J]. Psychological science, 12 (5): 391-396.

[210] FACCIO M, MARCHICA M T, MURA R, 2016. CEO gender, corporate risk-taking, and the efficiency of capital allocation [J]. Journal of corporate finance, 39: 193-209.

[211] FALLER C M, ZU KNYPHAUSEN-AUFSEß D, 2018. Does equity ownership matter for corporate social responsibility? A literature review of theories and recent empirical findings [J] . Journal of business ethics, 150 (1): 15-40.

[212] FAMA E F, 1980. Agency problems and the theory of the firm [J]. Journal of political economy, 88 (2): 288-307.

[213] FAMA E F, JENSEN M C, 1983. Separation of ownership and control [J] . The journal of law and economics, 26 (2): 301-325.

[214] FENG L, LIAO W, 2016. Legislation, plans, and policies for prevention and control of air pollution in China: achievements, challenges, and improvements [J] . Journal of cleaner production, 112: 1549-1558.

[215] FERNÁNDEZ-GÁMEZM Á, GUTIÉRREZ-RUIZ A M, BECERRA-VICARIOR. , et al. , 2020. The impact of creating shared value on hotels online reputation [J] . Corporate social responsibility and environmental management, 27 (5): 2201-2211.

[216] FIELD L C, MKRTCHYAN A, 2017. The effect of director experience on acquisition performance [J] . Journal of financial economics, 123 (3) 488-511.

[217] FILATOTCHEV I, LIU X, BUCK T, et al. , 2009. The export orientation and export performance of high-technology SMEs in emerging markets: the effects of knowledge transfer by returnee entrepreneurs [J] . Journal of international business studies, 40 (6): 1005-1021.

[218] FORTE A, 2004. Antecedents of managers moral reasoning [J]. Journal of business ethics, 51 (4): 315-347.

[219] FRANCIS B, HASAN I, WU Q, 2015. Professors in the boardroom and their impact on corporate governance and firm performance [J]. Financial management, 44 (3): 547-581.

[220] FREEMAN R E, 1984. Strategic management: a stakeholder approach [M] . New York: Pitman Publishing Inc.

[221] FREEMAN R E, WICKS A C, PARMAR B, 2004. Stakeholder

theory and "the corporate objective revisited" [J] . Organization science, 15 (3): 364-369.

[222] FRIEDMAN M, 1970. The social responsibility of business is to increase its profits [J] . New York times magazine (33): 32-33.

[223] FRONDEL M, HORBACH J, RENNINGS K, 2007. End-of-pipe or cleaner production? An empirical comparison of environmental innovation decisions across OECD countries [J] . Business strategy and the environment, 16 (8): 571-584.

[224] FU R, TANG Y, CHEN G L, 2020. Chief sustainability officers and corporate social (Ir) responsibility [J] . Strategic management journal, 41 (4): 656-680.

[225] FU X D, TANG T, YAN X Y, 2019. Why do institutions like corporate social responsibility investments? Evidence from horizon heterogeneity [J] . Journal of empirical finance, 51: 44-63.

[226] GADENNE D L, KENNEDY J, MCKEIVER C, 2009. An empirical study of environmental awareness and practices in SMEs [J] . Journal of business ethics, 84 (1): 45-63.

[227] GALASKIEWICZ J, WASSERMAN S, 1989. Mimetic processes within an interorganizational field: an empirical test [J] . Administrative science quarterly, 34 (3): 454-479.

[228] GALBREATH J, 2019. Drivers of green innovations: the impact of export intensity, women leaders, and absorptive capacity [J] . Journal of business ethics, 158 (1): 47-61.

[229] GARCÍA-MECA E, PUCHETA-MARTÍNEZ M C, 2018. How institutional investors on boards impact on stakeholder engagement and corporate social responsibility reporting [J] . Corporate social responsibility and environmental management, 25 (3): 237-249.

[230] GARCIA-SÁNCHEZ I M, RODRÍGUEZ-ARIZA L, AIBAR-GUZMÁN B, et al., 2020. Do institutional investors drive corporate transparency regarding business contribution to the sustainable development goals? [J].

Business strategy and the environment, 29 (5): 2019-2036.

[231] GAVETTI G, RIVKIN J W, 2005. How strategists really think [J]. Harvard business review, 83 (9): 54-63.

[232] GEORGE T J, HWANG C Y, 2007. Long-term return reversals: overreaction or taxes? [J] . Journal of finance, 62 (6): 2865-2896.

[233] GHOSH D, SHAH J, 2012. A comparative analysis of greening policies across supply chain structures [J] . International journal of production economics, 135 (2): 568-583.

[234] GHOUL S E, GUEDHAMI O, KWOK C C Y, et al. , 2011. Does corporate social responsibility affect the cost of capital? [J] . Journal of banking & finance, 35 (9): 2388-2406.

[235] GIANNETTI M, LIAO G, YU X, 2015. The brain gain of corporate boards: evidence from China [J] . Journal of finance, 70 (4): 1629-1682.

[236] GODFREY P C, 2005. The relationship between corporate philanthropy and shareholder wealth: a risk management perspective [J] . Academy of management review, 30 (4): 777-798.

[237] GOLDEN B R, ZAJAC E J, 2001. When will boards influence strategy? Inclination × power = strategic change [J] . Strategic management journal, 22 (12): 1087-1111.

[238] GRAY W B, SHADBEGIAN R J, 2003. Plant vintage, technology, and environmental regulation [J] . Journal of environmental economics & management, 46 (3): 384-402.

[239] GREEN P E, CARROLL J D, 1988. A simple procedure for finding a composite of several multidimensional scaling solutions [J] . Journal of the academy of marketing science, 16 (1): 25-35.

[240] GREENWOOD M, 2007. Stakeholder engagement: beyond the myth of corporate responsibility [J] . Journal of business ethics, 74 (4): 315-327.

[241] HAAS M R, CRISCUOLO P, GEORGE G, 2015. Which problems

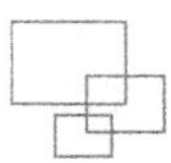

to solve? Online knowledge sharing and attention allocation in organizations [J]. Academy of management journal, 58 (3): 680-711.

[242] HAMBRICK D C, MASON P A, 1984. Upper echelons: the organization as a reflection of its top managers [J] . Academy of management review, 9 (2): 193-206.

[243] HANIFFA R, COOKE T E, 2005. Impact of culture and governance structure on corporate social reporting [J] . Journal of accounting and public Policy, 24 (5): 391-430.

[244] HART S L, 1995. A natural-resource-based view of the firm [J]. Academy of management review, 20 (4): 986-1014.

[245] HASSELDINE J, SALAMA A I, TOMS J S, 2005. Quantity versus quality: the impact of environmental disclosures on the reputations of UK Plcs [J] . The British accounting review, 37 (2): 231-248.

[246] HELWEGE J, PIRINSKY C, STULZ R, 2007. Why do firms become widely held? An analysis of the dynamics of corporate ownership [J]. Journal of finance, 62 (3): 995-1028.

[247] HENISZ W J, DELIOS A, 2001. Uncertainty, imitation, and plant location: Japanese multinational corporations, 1990-1996 [J]. Administrative science quarterly, 46 (3): 443-475.

[248] HENRIQUES I, SADORSKY P, 1999. The relationship between environmental commitment and managerial perceptions of stakeholder importance [J] . Academy of management journal, 42 (1): 87-99.

[249] HILLMAN A J, DALZIEL T, 2003. Boards of directors and firm performance: integrating agency and resource dependence perspectives [J]. Academy of management review, 28 (3): 383-396.

[250] HILLMAN A J, WITHERS M C, COLLINS B J, 2009. Resource dependence theory: a review [J] . Journal of management, 35 (6): 1404-1427.

[251] HITT M A, TYLER B B, 1991. Strategic decision models: integrating different perspectives [J] . Strategic management journal, 12 (5):

327-351.

[252] HOEJMOSE S, BRAMMER S, MILLINGTON A, 2012. "Green" supply chain management: the role of trust and top management in B2B and B2C markets [J] . Industrial marketing management, 41 (4): 609-620.

[253] HOMROY S, SLECHTEN A, 2019. Do board expertise and networked boards affect environmental performance? [J] . Journal of business ethics, 158 (1): 269-292.

[254] HU Y Y, ZHU Y, TUCKER J, et al. , 2018. Ownership influence and CSR disclosure in China [J] . Accounting research journal, 31 (1): 8-21.

[255] HUANG J W, LI Y H, 2017. Green innovation and performance: the view of organizational capability and social reciprocity [J] . Journal of business ethics, 145, (6): 309-324.

[256] HUDSON B A, 2008. Against all odds: a consideration of core-stigmatized organizations [J] . Academy of management review, 33 (1): 252-266.

[257] IACOBUCCI D, 2012. Mediation analysis and categorical variables: the final frontier [J] . Journal of consumer psychology, 22: 582-594.

[258] IP P K, 2009. Is confucianism good for business ethics in China? [J] . Journal of business ethics, 88 (3): 463-476.

[259] JENNINGS P D, ZANDBERGEN P A, 1995. Ecologically sustainable organizations: an institutional approach [J] . Academy of management review, 20 (4): 1015-1052.

[260] JENSEN M C, MECKLING W, 1976. Theory of the firm: managerial behavior, agency costs, and ownership structure [J] . Journal of financial economics, 3 (4): 305-360.

[261] JEONG S H, HARRISON D A, 2017. Glass breaking, strategy making, and value creating: meta-analytic outcomes of women as CEOs and TMT members [J] . Academy of management journal, 60 (4): 1219-1252.

[262] JIANG B, MURPHY P J, 2007. Do business school professors

make good executive managers? [J] . Academy of management perspectives, 21 (3): 29-50.

[263] JIANG Y, RAGHUPATHI V, RAGHUPATHI W, 2009. Web-based corporate governance information disclosure: an empirical investigation [J] . Information resources management journal, 22 (2): 50-68.

[264] JO H, KIM H, PARK K, 2015. Corporate environmental responsibility and firm performance in the financial services sector [J] . Journal of business ethics, 131 (2): 257-284.

[265] JONES T M, 1995. Instrumental stakeholder theory: a synthesis of ethics and economics [J] . Academy of management review, 20 (2): 404-437.

[266] JOSÉ-LUIS GODOS-DÍEZ, FERNÁNDEZ-GAGO R, MARTÍNEZ-CAMPILLO A, 2011. How important are CEOs to CSR practices? An analysis of the mediating effect of the perceived role of ethics and social responsibility [J]. Journal of business ethics, 98 (4): 531-548.

[267] JOYCE E, BIDDLE, 1981. Are auditors judgments sufficiently regressive [J] . Journal of accounting research, 19 (2): 323-349.

[268] KAHNEMAN D, 2003. Maps of bounded rationality: psychology for behavioral economics [J] . American economic review, 93 (5): 1449-1475.

[269] KANG E, 2008. Director interlocks and spillover effects of reputational penalties from financial reporting fraud [J] . Academy of management journal, 51 (3): 537-555.

[270] KAPLAN S N, KLEBANOV M M, SORENSEN M, 2012. Which CEO characteristics and abilities matter? [J] . Journal of finance, 67 (3): 973-1007.

[271] KAPLAN S N, ZINGALES L, 1997. Do investment-cash flow sensitivities provide useful measures of financing constraints? [J] . The quarterly journal of economics, 112 (1): 169-215.

[272] KASSINIS G, PANAYIOTOU A, DIMOU A, et al., 2016. Gender and environmental sustainability: a longitudinal analysis [J] . Corporate social

responsibility and environmental management, 23 (6): 399-412.

[273] KASSINIS G, VAFEAS N, 2002. Corporate boards and outside stakeholders as determinants of environmental litigation [J]. Strategic management journal, 23 (5): 399-415.

[274] KHWAJA A I, MIAN A R, 2008. Tracing the impact of bank liquidity shocks: evidence from an emerging market [J]. American economic review, 98 (4): 1413-1442.

[275] KIM E H, 2013. Deregulation and differentiation: incumbent investment in green technologies [J]. Strategic management journal, 34 (10): 1162-1185.

[276] KIM H D, KIM T, KIM Y, et al., 2019. Do long-term institutional investors promote corporate social responsibility activities? [J]. Journal of banking & finance, 101: 256-269.

[277] KIM Y, LI H, LI S, 2014. Corporate social responsibility and stock price crash risk [J]. Journal of banking & finance, 43: 1-13.

[278] KING A A, LENOX M, TERLAAK A, 2005. The strategic use of decentralized institutions: exploring certification with ISO 14001 management standard [J]. Academy of management journal, 48 (6): 1091-1106.

[279] KINNEY JR W R, UECKER W C, 1982. Mitigating the consequences of anchoring in auditor judgments [J]. The accounting review, 57 (1): 55-69.

[280] KORDSACHIA O, FOCKE M, VELTE P, 2022. Do sustainable institutional investors contribute to firms' environmental performance? Empirical evidence from Europe [J]. Review of managerial science, 16 (5): 1409-1436.

[281] KREFT I, LEEUW J D, 1998. Introducing multilevel modeling [M]. London: Sage.

[282] KUO L, YU H C, 2017. Corporate political activity and environmental sustainability disclosure: the case of Chinese companies [J]. Baltic journal of management, 12 (3): 348-367.

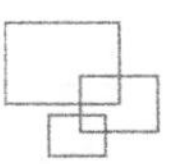

[283] LANKOSKI L, 2000. Determinants of environmental profit: an analysis of the firm-level relationship between environmental performance and economic performance [D/OL]. Finland: Helsinki University of Technology: 1-188 [2022-08-01]. https://aaltodoc.aalto.fi/bitstream/handle/123456789/2510/isbn9512280574.pdf? sequence=1.

[284] LARGE R O, THOMSEN C G, 2011. Drivers of green supply management performance: evidence from Germany [J]. Journal of purchasing and supply management, 17 (3): 176-184.

[285] LEONARD-BARTON D, 1995. Wellsprings of knowledge [M]. Cambridge, Mass: Harvard Business School Press.

[286] LI D Y, ZHAO Y N, ZHANG L, et al., 2018. Impact of quality management on green innovation [J]. Journal of cleaner production, 170: 462-470.

[287] LI H Y, ZHANG Y, 2007. The role of managers' political networking and functional experience in new venture performance: evidence from China's transition economy [J]. Strategic management journal, 28 (8): 791-804.

[288] LIU N Y, BREDIN D, WANG L M, et al., 2014. Domestic and foreign institutional investors' behavior in China [J]. The European journal of finance, 20 (7-9): 728-751.

[289] LOGSDON J M, WOOD D J, 2002. Business citizenship: from domestic to global level of analysis [J]. Business ethics quarterly, 12 (2): 155-187.

[290] LU H, OH W-Y, KLEFFNER A, et al., 2021. How do investors value corporate social responsibility? Market valuation and the firm specific contexts [J]. Journal of business research, 125 (C): 14-25.

[291] LUCAS M T, NOORDEWIER T G, 2016. Environmental management practices and firm financial performance: the moderating effect of industry pollution-related factors [J]. International journal of production economics, 175: 24-34.

[292] LUO L, LAN Y C, TANG Q, 2012. Corporate incentives to disclose carbon information: evidence from the CDP Global 500 report [J]. Journal of international financial management & accounting, 23 (2): 93-120.

[293] LUO S, YU S Y, 2013. International technology transfer, indigenous innovation, and technological innovation: evidence from the Chinese solar photovoltaic and wind industries from 2000 to 2011 [J] . China public administration review, 14 (1): 1-18.

[294] LYON T P, MAXWELL J W, 2011. Greenwash: corporate environmental disclosure under threat of audit [J] . Journal of economics & management strategy, 20 (1): 3-41.

[295] MACKINNON D P, 2008. Introduction to statistical mediation analysis [M] . New York: Lawrence Erlbaum Associates.

[296] MAHONEY L, ROBERTS R W, 2007. Corporate social performance, financial performance and institutional ownership in Canadian firms [J]. Accounting forum, 31 (3): 233-253.

[297] MAITLAND E, SAMMARTINO A, 2015. Decision making and uncertainty: the role of heuristics and experience in assessing a politically hazardous environment [J] . Strategic management journal, 36 (10): 1554-1578.

[298] MALHOTRA S, ZHU P, REUS T H, 2015. Anchoring on the acquisition premium decisions of others [J] . Strategic management journal, 36 (12): 1866-1876.

[299] MALMENDIER U, TATE G, YAN J, 2011. Overconfidence and early-life experiences: the effect of managerial traits on corporate financial policies [J] . Journal of finance, 66 (5): 1687-1733.

[300] MARCH J G, 1991. Exploration and exploitation in organizational learning [J] . Organization science, 2 (1): 71-87.

[301] MARCH J G, 1999. The pursuit of organizational intelligence: decisions and learning in organizations [M] . Cambridge, Eng: Blackwell Publishers, Inc.

[302] MARQUIS C, QIAN C, 2013. Corporate social responsibility repor-

ting in China: symbol or substance? [J]. Organization science, 25 (1): 127-148.

[303] MATOS L M, ANHOLON R, DA SILVA D, et al., 2018. Implementation of cleaner production: a ten-year retrospective on benefits and difficulties found [J]. Journal of cleaner production, 187: 409-420.

[304] MCGUIRE J, DOW S, ARGHEYD K, 2003. CEO incentives and corporate social performance [J]. Journal of business ethics, 45 (4): 341-359.

[305] MCWILLIAMS A, SIEGEL D, 2001. Corporate social responsibility: a theory of the firm perspective [J]. Academy of management review, 26 (1): 117-127.

[306] MENGUC B, AUH S, OZANNE L, 2010. The interactive effect of internal and external factors on a proactive environmental strategy and its influence on a firm's performance [J]. Journal of business ethics, 94 (2): 279-298.

[307] MEYER J W, ROWAN B, 1977. Institutionalized organizations: formal structure as myth and ceremony [J]. American journal of sociology, 83 (2): 340-363.

[308] MEYER R D, DALAL R S, HERMIDA R, 2010. A review and synthesis of situational strength in the organizational sciences [J]. Journal of management, 36 (1): 121-140.

[309] MILLIKEN F J, 1987. Three types of perceived uncertainty about the environment: state, effect, and response uncertainty [J]. Academy of management review, 12 (1): 133-143.

[310] MISCHEL W, 1977. The interaction of person and situation [M]. Hillsdale, New Jersey: Lawrence Erlbaum Associates.

[311] MOTTA E M, UCHIDA K, 2018. Institutional investors, corporate social responsibility, and stock price performance [J]. Journal of the Japanese and international economies, 47: 91-102.

[312] MUSSWEILER T, 2002. The malleability of anchoring effects [J].

Experimental psychology, 49 (1): 67-72.

[313] NONAKA I, TAKEUCHI H, 1995. The knowledge-creating company: how Japanese companies create the dynamics of innovation [M]. New York: Oxford University Press.

[314] OCASIO W, 1997. Towards an attention-based view of the firm [J]. Strategic management journal, 18 (S1): 187-206.

[315] OCASIO W, 2011. Attention to attention [J]. Organization science, 22 (5): 1286-1296.

[316] OCASIO W, GAI S L, 2020. Institutions: everywhere but not everything [J]. Journal of management inquiry, 29 (3): 262-271.

[317] OLIVER C, HOLZINGER I, 2008. The effectiveness of strategic political management: a dynamic capabilities framework [J]. Academy of management review, 33 (2): 496-520.

[318] ORSATO R J, 2006. Competitive environmental strategies: when does it pay to be green? [J]. California management review, 48 (2): 127-143.

[319] ORTIZ-DE-MANDOJANA N, ARAGÓN-CORREA J A, DELGADO-CEBALLOS J, et al., 2012. The effect of director interlocks on firms' adoption of proactive environmental strategies [J]. Corporate governance: an international review, 20 (2): 164-178.

[320] OSTROM E, 1990. Governing the commons: the evolution of institutions for collective action [M]. Cambridge, Eng: Cambridge University Press.

[321] PALMER K, OATES W E, PORTNEY P R, 1995. Tightening environmental standards: the benefit-cost or the no-cost paradigm? [J]. Journal of economic perspectives, 9 (4): 119-132.

[322] PELOZA J, SHANG J, 2013. Good and guilt-free: the role of self-accountability in influencing preferences for products with ethical attributes [J]. Journal of marketing, 77 (1): 104-119.

[323] PETERSEN H L, VREDENBURG H, 2009. Morals or economics? Institutional investor preferences for corporate social responsibility [J]. Journal

of business ethics, 90 (1): 1-14.

[324] PFEFFER J, SALANCIK G R, 1978. The external control of organizations: a resource dependence perspective [M]. New York: Harper & Row.

[325] PORTER M E, LINDE C V D, 1995. Green and competitive [J]. Harvard business review, 73: 120-134.

[326] PORTUGAL-PEREZ A, 2011. Regional rules in the global trading system edited by antoni estevadeordal, kati suominen, and robert teh [J]. World trade review, 10 (2): 280-285.

[327] POST C, RAHMAN N, RUBOW E, 2011. Green governance: boards of directors' composition and environmental corporate social responsibility [J]. Business & society, 50 (1): 189-223.

[328] PROSHANSKY H M, 1978. The city and self-identity [J]. Environment and behavior, 10 (2): 147-169.

[329] PUCHETA-MARTÍNEZ M C, LÓPEZ-ZAMORA B, 2018. Engagement of directors representing institutional investors on environmental disclosure [J]. Corporate social responsibility and environmental management, 25 (6): 1108-1120.

[330] QA'DAN M B A, SUWAIDAN M S, 2018. Board composition, ownership structure and corporate social responsibility disclosure: the case of Jordan [J]. Social responsibility journal, 15 (1): 28-46.

[331] RAMANATHAN R, HE Q, BLACK A, et al., 2017. Environmental regulations, innovation and firm performance: a revisit of the porter hypothesis [J]. Journal of cleaner production, 155: 79-92.

[332] RINDOVA V P, WILLIAMSON I O, PETKOVA A P, et al., 2005. Being good or being known: an empirical examination of the dimensions, antecedents, and consequences of organizational reputation [J]. Academy of management journal, 48 (6): 1033-1049.

[333] SAUNILA M, UKKO J, RANTALA T, 2018. Sustainability as a driver of green innovation investment and exploitation [J]. Journal of cleaner production, 179: 631-641.

［334］ SCANNELL L, GIFFORD R, 2010. The relations between natural and civic place attachment and pro-environmental behavior ［J］. Journal of environmental psychology, 30 (3): 289-297.

［335］ SCHAEFER A, 2007. Contrasting institutional and performance accounts of environmental management systems ［J］. Journal of management studies, 44 (4), 506-535.

［336］ SCOTT W R, 1995. Institutions and organizations ［M］. Thousand Oaks, CA: Sage.

［337］ SHARFMAN M P, FERNANDO C S, 2008. Environmental risk management and the cost of capital ［J］. Strategic management journal, 29 (6): 569-592.

［338］ SHARMA S, HENRIQUES I, 2005. Stakeholder influences on sustainability practices in the Canadian forest products industry ［J］. Strategic management journal, 26 (2): 159-180.

［339］ SIMON H A, 1956. Rational choice and the structure of the environment ［J］. Psychological review, 63 (2): 129-138.

［340］ SINN H W, 2008. Public policies against global warming: a supply side approach ［J］. International tax and public finance, 15 (4): 360-394.

［341］ SMITH N K, LARSEN J T, CHARTRAND T L, et al., 2006. Being bad isn't always good: affective context moderates the attention bias toward negative information ［J］. Journal of personality and social psychology, 90 (2): 210-220.

［342］ SRINIDHI B I N, GUL F A, TSUI J, 2011. Female directors and earnings quality ［J］. Contemporary accounting research, 28 (5): 1610-1644.

［343］ STIGLITZ J E, 2014. Leaders and followers: perspectives on the nordic model and the economics of innovation ［J］. Journal of public economics, 127: 3-16.

［344］ STRACK F, MUSSWEILER T, 1997. Explaining the enigmatic anchoring effect: mechanisms of selective accessibility ［J］. Journal of personality and social psychology, 73 (3): 437-446.

[345] SUNDER J, SUNDER S V, ZHANG J, 2017. Pilot CEOs and corporate innovation [J]. Journal of financial economics, 123 (1): 209-224.

[346] SUYONO E, AL FAROOQUE O, 2018. Do governance mechanisms deter earnings management and promote corporate social responsibility? [J]. Accounting research journal, 31 (3): 479-495.

[347] TEECE D J, PISANO G, SHUEN A, 1997. Dynamic capabilities and strategic management [J]. Strategic management journal, 18 (7): 509-533.

[348] THORNTON P H, OCASIO W, LOUNSBURY M, 2012. The institutional logics perspective: a new approach to culture, structure and process [M]. Oxford: Oxford University Press.

[349] TVERSKY A, KAHNEMAN D, 1974. Judgment under uncertainty: heuristics and biases [J]. Science, 185 (4157): 1124-1131.

[350] TZOUVANAS P, KIZYS R, CHATZIANTONIOU I, et al., 2020. Environmental and financial performance in the European manufacturing sector: an analysis of extreme tail dependency [J]. British accounting review, 52 (6): 100863.

[351] UTZ S, 2019. Corporate scandals and the reliability of ESG assessments: evidence from an international sample [J]. Review of managerial science, 13 (2): 483-511.

[352] VACHON S, KLASSEN R D, 2008. Environmental management and manufacturing performance: the role of collaboration in the supply chain [J]. International journal of production economics, 111 (2): 299-315.

[353] VASKE J J, KOBRIN K C, 2001. Place attachment and environmentally responsible behavior [J]. The journal of environmental education, 32 (4): 16-21.

[354] VERGNE J P, 2012. Stigmatized categories and public disapproval of organizations: a mixed-methods study of the global arms industry, 1996-2007 [J]. Academy of management journal, 55 (5): 1027-1052.

[355] WALLS J L, BERRONE P, PHAN P H, 2012. Corporate governance and environmental performance: is there really a link? [J] . Strategic management journal, 33 (8): 885-913.

[356] WANG H L, QIAN C L, 2011. Corporate philanthropy and corporate financial performance: the roles of stakeholder response and political access [J] . Academy of management journal, 54 (6): 1159-1181.

[357] WANG R X, WIJEN F, HEUGENS P M A R, 2018. Government's green grip: multifaceted state influence on corporate environmental actions in China [J] . Strategic management journal, 39 (2): 403-428.

[358] WEGENER M, ELAYAN F A, FELTON S, et al. , 2013. Factors influencing corporate environmental disclosures [J] . Accounting perspectives, 12 (1): 53-73.

[359] WESTPHAL J D, FREDRICKSON J W, 2001. Who directs strategic change? Director experience, the selection of new CEOs, and change in corporate strategy [J] . Strategic management journal, 22 (12): 1113-1137.

[360] WIERSEMA M F, BANTEL K A, 1992. Top management team demography and corporate strategic change [J] . Academy of management journal, 35 (1): 91-121.

[361] WOOD D J, 1991. Corporate social performance revisited [J]. Academy of management review, 16 (4): 691-718.

[362] XIE X M, HUO J, ZOU H, 2019. Green process innovation, green product innovation, and corporate financial performance: a content analysis method [J] . Journal of business research, 101: 697-706.

[363] YANG F X, YANG M, 2015. Analysis on China's eco-innovations: regulation context, intertemporal change and regional differences [J]. European journal of operational research, 247 (3): 1003-1012.

[364] YIM S, 2013. The acquisitiveness of youth: CEO age and acquisition behavior [J] . Journal of financial economics, 108 (1): 250-273.

[365] ZAJAC E J, BAZERMAN M H, 1991. Blind spots in industry and competitor analysis [J] . Academy of management review, 16 (1): 37-56.

［366］ ZENG S X， MENG X H， ZENG R C， et al. ， 2011. How environmental management driving forces affect environmental and economic performance of SMEs： a study in the Northern China district ［J］ . Journal of cleaner production， 19 （13）： 1426-1437.

［367］ ZHANG C M， GREVE H R， 2018. Dominant coalitions directing acquisitions： different decision makers， different decisions ［J］ . Academy of management journal， 62 （1）： 44-65.

［368］ ZHANG K， LI Y， QI Y， et al. ， 2021. Can green credit policy improve environmental quality? Evidence from China ［J］ . Journal of environmental management， 298 （4）： 325-341.

［369］ ZOTTER K A， 2004. “End-of-pipe” versus “process-integrated” water conservation solutions： a comparison of planning， implementation and operating phases ［J］ . Journal of cleaner production， 12 （7）： 685-695.